KB219477

아름답고 위태로운 천년의 거인들

아름답고 위태로운

개발과 손익에 갇힌 아름드리나무 이야기   김양진 지음

천년의 거인들

이야기를 시작하며

5년 전입니다. 1년간의 육아휴직을 마치고 일터로 돌아왔습니다. 몇 달 지나지 않아 일터를 떠나고 싶다는 충동에 사로잡혔습니다. 야성이 회복되던 숲에 토목공사가 벌어진 듯했달까요. 심연을 빠져나온 뒤에야 매일 걷던 길의 보도블록 사이를 비집고 올라온 잡초들이 눈에 들어왔습니다.

사진을 찍고, 이름을 찾아보고, 길을 걸으며 "바랭이·명아주·마디풀…" 혼잣말을 했습니다. 고개를 들고 나무를 만났고, 알아갔습니다. 느티나무·벚나무·플라타너스·은행나무·이팝나무… 주로 도시에 사는 가로수들이었습니다. 아, 주변 생명들에 이리도 무심했을까. 여름엔 쉽게 구분됐지만 느티나무와 벚나무가 잎을 떨구니 둘을 구분할 수 없었습니다. 옆으로 갈라진 수피(나무껍질)의 모습이 닮았거든요. 나무를 이제 막 알아가기 시작했다면, 이 어려운 과제를 한번 맡아보시기 바랍니다. 만져보고 눈에 담아보기를 수십 번 되풀이했습니다. 신기하게도 보이기 시작했습니다.

종종 엉뚱한 질문이 머릿속에 떠올랐습니다. '나무뿌리는, 또 잎사귀는 동물의 어디쯤에 해당할까?' '물과 양분을 섭취하고 외부 생태계와 관계를 맺는 뿌리는 아마도 동물의 입과 코 그리고 두뇌와 비슷하지 않을까.' '햇빛 그리고 뿌리가 흡수한 물을 통해 당분을 만들어내는 잎사귀는 아마 심장과 가깝지 않을까.' 이미 많은 사람들이 이와 비슷한 경험을 했다는 걸 이후에 알게 됐습니다. 미국 시인 조이스 킬머도 그 유명한 〈나무들(Trees)〉이라는 시에서 나무뿌리를 "굶주린 입(hungry mouth)"이라고 표현했었죠.

방울 같은 모양의 아주 특별한 열매를 맺는 거대한 고등 생명체인 플라타너스들이 무자비한 가지치기로 팔뚝이 잘린 채 신음하는 모습들도 서서히 마주할 수 있었습니다. 2020년 12월부터 《한겨레》에 무자비한 가지치기를 연속해서 보도했습니다. 본격적으로 나무 얘기를 실컷 해보자는 마음에서 2022년 10월부터 《한겨레21》에 〈나무전상서〉란 제목으로 1년 10개월간 기사를 연재했습니다. 아프지만 사랑받는 전국 각지의 나무들과 그 나무를 지키는 사람들을 만나 우리가 함께 생각해봐야 할 것들을 풀어내는 이야기입니다. 그렇게 나무들을 현장에서 만났습니다. 나무를 닮은 아름다운 사람들도 만났습니다. 전국에서 지구를 지키는 환경운동가들과 양심적인 학자들이 아낌없이 열정과 지식을 나눠주셨습니다.

백 년을 사는 인간이 수천 년을 사는 '거인들'을 이해할 수 있는 길이 있을까요. 수백만, 수천만 년 긴 세월을 몸에 담고 있는 생명체를 완벽하게 이해할 순 없을 겁니다. 그래도 시작할 수 있습니다. 나무를 존중하고 아끼는 태도는 가질 수 있습니다.

애석하게도 인간이 나무를 대하는 태도는 나무와 인간 그리고 지구의 운명을 결정짓습니다. 나무를 어떻게든 이용해야 할 대상으로 바라

볼 것인지, 더불어 살아가야 할 이웃으로 대하며 다가갈 것인지에 따라 바뀌는 것은 너무나도 많습니다.

많은 사람들이 지속가능성을 이야기합니다. 지속가능성을 보장할 수 있는 가장 실천적인 방법을 하나 소개합니다. 자기 집 앞에 서 있는 20~30살 된 가로수 한 그루가, 제 명대로 살아 수백 살짜리 나무로 커 갈 수 있도록 돕는 겁니다. 이 과정에서 선한 마음들이 모일 겁니다. 우리 대에 누릴 수 없는 혜택을 후손들에게 전달해줘야 한다는 긴 호흡의 사고를 하게 될 겁니다. 각종 제도를 바꿔내기 위해 민주주의가 발달할 겁니다. 인류가 가진 지혜와 기술이 총동원될 겁니다. 그렇게 도시가 바뀌고 숲이 살아날 겁니다.

차례

1. 나무 할머니 나무 할아버지

2. 길에 선 나무

3. 물이 좋은 나무

4. 숲에 사는 나무

5. 사람과 나무

1.

나무 할머니 나무 할아버지

경북 안동 길안면 700살 용계리 은행나무.

1. 안동 은행나무

세계 최초로 500톤 거목을 옮겨 심다

곧 부채꼴 잎들이 노랗게 물들 경북 안동 용계리 은행나무를 찾았다. 와룡산과 약산 사이를 흐르는 시냇물을 서쪽에 두고 700년 넘게 살아온 이 노거수(老巨樹)*는 멀리서도 우람한 크기로 인해 존재감이 남달랐다. 키 31미터, 가슴높이 둘레** 14미터. 경기도 양평 용문사 은행나무에 이

---

* 나이가 많고 큰 나무. 법적 보호를 받는 노거수 중에서는 먼저, 중앙정부(문화재청)에서 문화재로 지정한 '천연기념물 노거수'가 있다. 서울시나 전라남도와 같은 광역자치단체에서 지정하는 '기념물'이 있고, 산림청에서 지정하고 동대문구나 구리시와 같은 기초자치단체에서 관리하는 '보호수'도 있다. 투입되는 예산과 관심의 많고 적음에 따라 천연기념물을 금메달, 시·도기념물을 은메달, 보호수를 동메달이라고 표현하는 사람들도 있다. 이런 평가의 주된 기준은 역사적·문화적 가치 등 인간과의 관련성이다. 하지만 최근엔 생태적·환경적 가치도 중요하다는 인식이 커지고 있다. 비록 이름과 유래를 몰라도, 그 넉넉한 품만으로 얼마나 가치 있고 아름다운지 새롭게 인식해가고 있는 것이다.

** 조경 쪽에서는 '흉고(胸高) 둘레'라고 한다. 흉고는 '어른 가슴까지의 높이'라는 뜻이다. 우리나라에서는 지표면에서부터 1.2미터 지점을 의미한다. 가슴높이 둘레는 바로 이 지점에서 잰 나무줄기 둘레이다. 흉고 둘레 측정치는 나무의 크기나 바이

어 우리나라에서 두 번째로 크고 오래된 은행나무로 유명하다. 1966년에 지정된 천연기념물(제175호)이기도 하다.

"상식(上植)되기 전에 아래 있을 때는 전지(가지치기)를 안 해서 가지들이 척척 땅에까지 떨어져서 참 좋았어요. 주민들이 전부 여기 아래 모여서 쉬고…." 2022년 10월 5일 오후 용계리 은행나무의 수관*주위에 설치된 철제 울타리를 따라 걷던 용계리 주민 87세 권 옹이 예전 은행나무 모습을 떠올리며 말했다.

'상식'은 올려서 옮겨 심었다는 뜻이다. 이 은행나무가 오랫동안 살아온 터전을 떠났음을 말해준다. 원래 지금 자리에서 15미터 아래에 있던 나무는 임하댐 건설로 수몰될 위기에 처했다가 우여곡절 끝에 지금 위치로 끌어 올려졌다.

"그때 주민들이 이건 살려야 한다고 뜻을 모았어요. 내가 (주민) 대표로 안동 군수를 만나서 '아무리 국가나 개인이 잘살아도 이런 나무를 죽여버리면 돈으로도 살릴 수 없잖느냐' 그렇게 얘기했어요." 권 옹은 남쪽 시냇물을 가리키며 용계리의 과거와 현재를 설명했다. "저 냇가 아래에 용계리가 있었어요. 100여 가구가 살던 큰 동네였어요. 지금은 저쪽

오매스, 탄소 저장량 등을 다른 나무와 비교하는 기준이 된다. 다만 단풍나무류나 배롱나무 등 1.2미터 아래에서 줄기가 갈라지는 나무들의 경우엔 1.2미터 지점의 줄기 둘레를 더해 계산하거나, 지표면과 맞닿은 밑동 지점의 근원(根源) 둘레를 측정해 비교한다.

* 수관(樹冠, tree crown)은 나무의 지상부에서 가지·잎·꽃·열매가 분포하는 부분이다. 갓을 쓴 모습 같다고 '나무갓'이라고도 하고, 햇빛을 가리는 덮개 기능을 한다고 '캐노피'라고도 한다. 빽빽하고 무성한 수관은 나무뿐 아니라 주변 생태계까지 건강하다는 걸 알게 하는 지표다.

으로 넘어가서 한 20여 가구 살아요." 냇가 아래에 용계리가 있던 시절, 은행나무는 길안면 면소재지로 넘어가는 고갯길 입구에 서 있었다. 마을 입구를 지키는 문지기이자 중심이었다.

안동시가 제공한 자료를 보면 이 700살 된 나무가 터를 옮겨 온 곡절이 나온다. 1985년 3월 임하댐 건설로 마을 침수가 확정되고, 경상북도가 각 대학 등에 '옮겨심기'를 자문했다. 모두 '이식은 어렵다'고 회신했다. 전 세계를 통틀어 무게 500톤 이상으로 추정되는 거목을 이식한 사례 자체가 없었다. 여기에 쓰일 예산만 수십억 원이었다. 문화재관리국(현재의 문화재청)과 한국수자원공사도 '신중해야 한다'는 의견을 냈다.

그러다가 1986년 말부터 정부 안에서도 '초대형 수목 이식에 성공해 국위를 선양하자'는 주장이 제기됐다. 산림청도 흙을 아래에 넣어서 올리는 방식의 이식이 가능하다고 보고했다. 1987년 2월, 정부는 뿌리 아래에 흙을 넣어 나무 높이를 15미터가량 높이는 방식으로 용계리 은행나무를 살리기로 결정했다. 이식 공사는 1990년 11월 첫 삽을 뜬 뒤 1993년 3월에야 마무리됐다. 나무를 철골 위로 올려놓는 데만 2년 넘게 걸렸고, 그 뒤 80여 일 동안은 하루에 30~50센티미터씩 나무를 천천히 들어 올리는 작업이 진행됐다. 여기에 투입된 총예산은 26억 9723만 원이다. 당시는 물론 현재까지도 나무 하나를 이식하는 데 투입된 금액으로 전례 없는 예산 규모다.

"'나무 하나 살리는 데 그만한 돈을…' 하는 반감도 이해 가지 않는 것은 아니다. 하지만 그 나무는 커다란 고목에 얽혀 있는 보이지 않는 문화의 총합을 생각하면 돈으로 환산할 수 없음을 알아야 한다. 또 그것이 선례가 된다면 엄청난 문화 파괴 행위가 잇따라 후세에 지탄받을 죄업

용계리 은행나무의 1980년대 모습. 안동시 제공.

이 될 것이고…" 1987년 10월 17일 자《조선일보》기사다.[1]

유일한 종자 전파자, 인간

수백 살 된 노거수는 사람의 정성이 모여야만 존재할 수 있다. 은행나무
는 특별히 더 인간의 정성이 필요한 나무다. 유일하게 남은 은행나무의
'종자 전파자'가 인간이기 때문이다. 식물이 종자를 과육으로 둘러싸는
이유는 단 하나다. 동물에게 종자를 먹게 해서 멀리 퍼뜨리게 하려는 것
이다. 학계에서는 이미 적어도 수백만 년 전에 은행나무 매개 동물이 멸

종했다고 추정한다. 일부 중국의 자생지를 제외하고는 은행나무가 사람이 사는 곳에서만 존재하는 이유다. 영국의 진화생물학자 피터 크레인은 은행나무를 일컬어 "사람이 구한 나무(a tree that people saved)"라고 했다.

용계리 은행나무도 사람과 함께 700년을 살았다. 용계리에는 '은행나무 전시관'이 있는데, 전시관 안에는 사람들이 기억하는 은행나무의 옛이야기, 행복과 건강을 바라는 방문객들의 메모가 벽에 붙어 있다.

용계분교 1회 졸업생으로, '용계리 은행나무' 관리를 맡은 한 주민도 은행나무와 세월을 같이했다. 그가 앞에 보이는 가지 하나를 가리키며 말했다. "저 가지를 타고 올라가 선생님을 기다리면서 놀았어요. 나무를 타거나 구멍에 숨었어요. 그때는 비나 눈이 오면 선생님들이 종종 (학교에) 늦게 오셨어요. 다 잘라내긴 했는데 굵은 뿌리가 옆의 하천 중간까지 울퉁불퉁 뻗었어요. 큰물이 내려오면 목욕도 하고, 나무뿌리 아래로 지나가는 쏘가리 잡고, 꺽지 잡고 했죠."

수십 년을 은행나무 곁을 지키며 전시관에서 살다시피 했던 월곡댁 할머니가 자신을 나무 옆에 묻어달라고 했으나 들어주지 못했다는 안타까운 이야기, 기도발이 좋은 나무라고 소문나 무속인들이 몰래 와서 굿을 지낸다는 이야기, 떨어진 씨앗을 인근 농원에 심었더니 거의 100퍼센트 발아했다는 이야기, 나라에 변고가 있을 때마다 나무가 소리 내어 울었다는 전설 등도 들을 수 있었다.

이 은행나무가 암나무라는 것도 신기한 이야깃거리 중 하나다. 은행나무는 암수딴그루, 즉 암꽃과 수꽃이 각각 다른 그루에 피는 나무다. 4월이면 작고 길쭉한 솔방울같이 생긴 초록색 수꽃에서 무수히 많은 꽃밥이 바람에 날려, 두 개 한 쌍으로 피는 꽃봉오리같이 생긴 암꽃에 기적적으로 붙어야 종자를 맺는다. "은행나무도 마주 봐야 연다"라는 속담이 전해오는 이유다. 그런데 20여 년 전만 해도 이 주변에 은행나무로는 용계리 은행나무가 유일했다고 주민들은 전했다.

은행나무도 마주 봐야 열린다는데

이 주민은 "옛날부터 어른들이 '저 나무는 암꽃이 (자기 모습을) 물에 비춰서 수정된다'고 하셨는데, 그게 의아하잖아요. 문화재청에서 박사님이 오셨을 때도 물어보니 분명히 수나무가 있을 거라고 하더라고요. 아주 멀리서 날아오는 건지…"라고 말했다. 지금은 냇가 건너 찻길에 안동시가 새로 심은 은행나무 수백 그루가 있다.

이날 은행나무 정기 점검이 이뤄졌다. "양호한 건 아니지만 이식한 것 치곤 좋은 편이네요." 은행나무 주변 땅의 수분과 생육 상태를 전문 장비로 점검한 수목관리 전문가가 말했다. 이틀 전 비가 온 덕분에 토양은 합격점이었다. 터를 옮긴 지 29년이 지났지만, 나무 높이만큼 서 있는 철제 지주대와 이를 받치는 바닥에 박힌 사각 철골, 지주대 꼭대기에서 연결된 쇠로 된 로프 여덟 개는 그대로다. 나무가 이 임시 지지 시설에서 벗어나려면 얼마나 더 걸릴까.

현장에 나온 안동시 문화유산과 담당자는 보기에 안 좋아 시에서 지지 시설을 곧 걷어낼 것이라고 말하면서도, 나무가 너무 오랫동안 지지 시설에 의지했기에 어느 쪽으로 움직일지 예측하기가 어렵다고 덧붙였다. 수목관리 담당자는 이런 초대형 나무를 이식한 사례는 세계적으로 유례가 없다고 설명하며, 상식할 때 들어 올리려고 굵은 뿌리를 잘라냈는데, 새로 난 뿌리가 언제쯤 잘라낸 굵은 뿌리만 한 지지력을 가질지 누구도 장담할 수 없다고 말했다.

설명을 듣고 나무 위쪽을 쳐다봤다. 비록 홀로 서 있지 못하지만 은행알(은행 종자)만큼은 주렁주렁 열려 있었다. 도심에 있는 은행나무와 비교된다. 도심 은행나무들은 해충이나 공해에 강하지만, 최근 암나무라는 이유로, 간판을 가린다는 이유로, 나무가 너무 크다는 이유로 한순간에 베인다. 도시에서 용계리 은행나무 같은 700살 거목을 기대할 수 있을까. 용계리 은행나무 종자에선 도시에서 흔히 맡던 고릿한 냄새가 나지 않았다. 아스팔트가 아니라 흙에 떨어졌기 때문이라고 한다. 은행알을 살펴보니 뽀얗게 분이 올라왔다. 왜 은행을 '은빛 살구[銀杏]'라고 하는지 알 수 있었다.

나무 할머니, 나무 할아버지를 계속 만날 수 있을까

천연기념물로 지정되면 개발 공사에 밀려 베이거나 훼손되는 일은 막을 수 있다. 2022년 10월 천연기념물로 지정된 '우영우 팽나무*'같이 천연기념물급의 숨은 거목들도 전국 각지에서 종종 등장한다. 하지만 이제

---

* 2022년에 방영된 드라마 〈이상한 변호사 우영우〉에 소재로 등장한 팽나무. 경상남도 창원시 북부리의 500살 넘은 팽나무가 모델이다.

그런 '천연기념물 후보군'이 등장하는 일도 점차 줄어들고 있다. 200살, 300살 먹은 노거수가 개발 공사에 노출되는 등 방치되고 훼손되는 일도 숱하게 벌어진다. 골짜기 골짜기 개발 공사가 고도화되면서 큰 나무들은 더 큰 나무로 성장할 기회를 박탈당한다. 10~20년이 지나면 지킬 나무가 없을지도 모른다. 이 땅을 이어서 살아가게 될 다음 세대, 그다음 세대에는 수백 살의 나무 할머니, 나무 할아버지를 구할 기회가 아예 없을지도 모른다. 나무에 대한 도리도, 사람에 대한 도리도 아니다. 지금이라도 정성을 모아야 하지 않을까. 절박함이 필요하다.

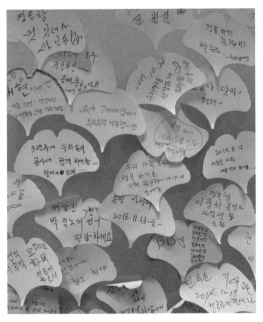

용계리 '은행나무 전시관'에 시민들이 붙여놓은 메모지.

오리발, 공손수

은행나무에는 여러 이름이 있습니다. 압각수(鴨脚樹)라는 이름은 잎 모양이 오리발[鴨脚]을 닮았다고 해서 붙여졌지요. 색깔은 물론, 발가락 사이사이에 물갈퀴가 난 모습이 딱 오리발이죠. 은빛 살구라는 뜻으로 은행(銀杏)이라고 불리기도 합니다. 은행알이 잘 익으면 살굿빛이 나고, 거기서 시간이 좀 더 지나면 하얗게 분이 올라옵니다. 은행이라는 예쁜 이름이 붙은 이유입니다.

뭉클해지는 이름도 있습니다. 공손수(公孫樹)라는 이름입니다. 할머니, 할아버지가 심어 '손주 대에 이르러서야 종자를 얻을 수 있는 나무'라는 뜻입니다. 은행알이 땅에 뿌리를 내려 종자를 맺는 시기가 되려면 30~40년이 걸립니다. 옛사람들이 은행나무를 심으며 '내가 세상을 떠나도 자손들은 크고 튼튼한 은행나무 곁에서 굳세게 세상을 살아갈 테지' 하고 흐뭇해하지 않았을까요.

사람으로 치면 유년기가 그만큼 길다는 의미이기도 합니다. 충분하게 뿌리를 뻗고 기초를 다지니 1000년은 거뜬히 살아냅니다. 시간 씀씀이가 참 넉넉합니다. 생각하면 고개가 절로 숙여집니다.

은행나무는 '살아 있는 화석(living fossil)'으로 불립니다. 지금의 은행나무와 거의 유사한 은행나무'속'은 약 1억 7000만 년 전인 쥐라기 중기에 나타납니다. 거대한 공룡들이 지배하던 지구에서 태어났습니다. 일부는 공룡들과 함께 화석이 되어 발견됐습니다. 동시에 또 다른 일부는 자동차가 쌩쌩 달리는 인간이 지배하는 지구에서 거의 변하지 않고 살아가고 있습니다. 살아 있는 화석 맞죠? 참고로 인간은 길게 잡아봐야 700만 년 전, 막 침팬지와의 공통 조상에서 별도의 '속'으로 분화됐습니다.

쥐라기는 은행나무의 전성기이기도 합니다. 최소 수십 종이 전 대륙 곳곳에 살았습니다. 지금은 은행알을 감싼 과육의 독특한 향에 끌리는 동물이 없습니다. 하지만 쥐라기 때는 은행알의 독특한 향내에 끌려 이를 즐겨 먹었던 동물이 있었을 것으로 추정됩니다. 어쩌면 공룡의 한 종류였을 수도 있을 겁니다.

공룡이 멸종한 뒤 은행나무 가문(은행나무문 내지 은행나무강)은 급격하게 줄어들어 동아시아에 단 한 종만 생존하게 됩니다. 급격한 기후변화를 비롯해 무수히 많은 크고 작은 새로운 포식자의 출현을 견뎌낸 은행나무종(Ginkgo biloba)에겐 인간의 지각으론 헤아릴 수조차 없는 긴 시간과 큰 기적이 새겨져 있습니다.

현존하는 은행나무는 은행나무문 내지 은행나무강의 유일한 종으로 분류됩니다. 생물은 역(域)>계(界)>문(門)>강(綱)>목(目)>과(科)>속(屬)>종(種)의 순서로 분류합니다. 문이나 강은 매우 넓은 범주의 분류 기준입니다. 단순 비교는 어렵지만 사람이 속한 포유류가 포유강입니다. 사람을 제외한 다른 모든 포유류가 멸종했다고 상상해보시죠. 은행나무가 처한 상황이 꼭 그런 것입니다.

은행은 암꽃이 피는 암나무와 수꽃이 피는 수나무가 따로 떨어져 살아갑니다. 어느 것이 암나무이고 수나무인지 구별하려면 15~18살은 돼야 합니다. 이런 자연스러운 생리적 특성이 인간의 서식처*인 도시에서는 비극으로 구현됩니다.

도시는 메말라 있습니다. 온통 딱딱한 아스팔트와 시멘트가 흙을 덮고 있습니다. 가을이 되면 보도블록 위로 은행알이 떨어집니다. 흙에 뿌리를 뻗는 생명인 은행알이지만, 사람들에게 밟힙니다. 사람들은 자신들이 앗아간 것은 떠올리지 못한 채 그 촉감과 냄새를 불편해합니다. 언제는 은행이 도심 공해에도 튼

---

* 생물은 땅(地)에만 살지 않는다. 대장균은 동물의 창자에, 겨우살이는 나무에 산다. 서식지보다 포괄적인 장소(處) 개념으로, 이 책에서는 서식처라는 표현을 썼다.

튼하게 자라고 병충해에 강하다며 심지 않았던가요? 그런데 이제는 종자를 못 맺는 수나무만 골라서 심어보려고 기술력을 집중합니다. 그 결과는 또 다른 생명 경시와 말살, 즉 암나무 제거(벌목)겠죠.

이렇게 생각해보면 어떨까요. 사람으로 따지면 1차 성징이 그만큼 더딘 거잖아요. 그렇다는 건 어른 나무가 될 때까지 더 오랫동안 보살핌을 받아야 한다는 얘기잖아요. 어쩌면 사람보다 더 사람답고, 또 사람다운 게 뭔지 고민하게 만드는 존재가 은행나무일지도 모르겠습니다.

귀한 결실이 구둣발에 밟혀 톡 하고 터집니다. 사람들은 이를 꽤씸하게 여깁니다. 공손수라 대접받던 나무를 간판을 가린다며, 전선에 닿는다며 몽당연필처럼 무자비하게 가지치기하거나 아예 베어버립니다. 은행나무를 계속 이렇게 대해도 될까요?

은행나무는 세상에 나온 시간만큼 오래된 방식으로 수정(정자와 난자가 합쳐지는 일)하고 번식합니다. 은행나무 꽃가루에는 사람처럼 정충(정자)이 들어 있습니다. 이 정충은 꼬리(편모)를 가지고 있습니다. 꽃가루가 암술에 닿으면 정충이 난자(난핵)까지 5개월가량 헤엄을 쳐 이동해 만납니다. 마치 동물의 정자와 난자가 만나는 방식 같습니다. 반면 다른 종자식물 대부분은 꽃가루가 암술에 닿으면 뿌리를 내리듯 난핵까지 대롱을 내려서 수정합니다. 가을철 보도에 떨어진 은행알 속에선 정충의 힘겨운 여정이 진행되고 있을 겁니다. 오랜 역사와 기적을 간직한, 꼭 지켜주고 싶은 특별한 여정입니다.

경남 창녕군 남지읍 신전리 한 관광농원에 있는
모과나무 노거수. 가슴높이 둘레가 4.3미터에 이른다.

2. 창녕 모과나무

〈

400년 전, 광해군이 애타게 찾던 나무

젊은 나무엔 없고 노거수에만 있는, 눈에 띄는 특징이 있다. 물결치듯 굽이굽이 굴곡진 밑동이다. 어린 나무*의 줄기는 매끈하게 둥글다. 그러다 세월이 흐르면 떡잎 아래에서 원뿌리 외에 수많은 곁뿌리가 물과 양분을 찾아 뻗어나가고 굵어진다. 이런 곁뿌리는 판자를 세로로 세운 모양을 닮아서 판근(板根)이라고도 불린다. 물과 양분이 오가는 길인 줄기가, 비대해진 곁뿌리를 따라 굵게 발달한다. 이런 노거수의 밑동은 비바람에도 노거수를 지탱해주는 지지대가 되는 동시에, 살아온 역사를 증명해준다. 바라보는 사람은 숙연해진다.

_____

* 한두 해쯤 자란 키 1미터 이하의 작은 나무. 숲속 어린 나무들은 어른 나무 그늘 아래서 천천히 건강하게 자란다. 가문비나무, 구상나무 등 일부 나무들은 15~20살이 돼도 여전히 어린 나무로 남아 있다가 때가 되면 한 해에 1~2미터 이상 쑥쑥 성장한다. 어린 나무, 어른 나무 그리고 고사목이 어우러진 숲은 역동적이고 생명의 기운이 넘쳐난다. 도시숲에선 어른 나무만 자란다. 어렵게 고개를 내민 어린 나무는 베어진다.

2022년 12월 1일 오후, 경남 창녕군 남지읍 신전리 신전늪 인근 관광 농원에서 모과나무 노거수와 마주했다. 이날도 철새들이 근처 습지에서 목을 축이며 쉬어 갔다. 영하에 가까운 추운 날씨였지만 아낌없이 풍기는 달콤한 향에 몸이 누그러졌다. 이틀 전 갑자기 찾아온 한파에 잎과 열매가 일부 떨어졌지만 여전히 환하게 팔팔한 거목이었다.

키는 보통 다 자란 모과나무와 비슷한 10미터가량이지만 밑동 둘레는 6미터가 넘는다. '나무 크기 가늠자'인 가슴높이 둘레는 4.3미터에 이르렀다. 우리나라 모과나무 가운데 유일한 문화재이자 가장 크고 수령이 오래된 것으로 알려진 '청주 연제리 모과나무'(천연기념물 제522호)의 가슴높이 둘레는 3.3미터다.

열매도 큼지막하다. '나무 참외[木瓜, 목과]'라는 이름처럼 큰 참외만 하다. 표면에 기름(정유)이 끈끈하게 묻은 낙과를 하나 주워 들고 재보니 길이 15센티미터에 지름 11센티미터다. "어물전 망신은 꼴뚜기가 시키고, 과일전 망신은 모과가 시킨다"라는, 모과의 생김새를 깎아내리는 속담은 어쩌다가 생겨났을까. 너무 시고 과육에 까슬까슬한 돌세포가 많은 탓에 바로 먹기 어려워서였을까.

가장 눈길을 끄는 건 역시 굴곡을 그리며 사방으로 뻗어나간, 모과나무 특유의 얼룩덜룩한 수피를 두른 밑동이었다. 촘촘하게 형성된 굴곡은 커튼 주름 같았다. 주름이 크게 진 쪽은 코끼리 다리 근육처럼 튼튼하고 듬직했다. 특히 남쪽으로 굵게 발달한 줄기가 선명했다. 농원 주인 박 씨가 말했다.

"원래 살았던 곳에 남쪽으로 작은 옹달샘이 있었어요. 모과나무는 물을 좋아합니다. 물을 먹으려고 뿌리가 뻗다가 시간이 오래 지나 이렇게 굵어졌다고 하더라고요. 옮겨 오면서 방향을 맞췄어요."

이 모과나무는 원래 차로 30여 분 거리에 있는 경남 의령군의 한 작은 마을에 살았다. 그러다 2012년 12월 26일 이곳 신전리로 옮겨왔다. 이식에는 꼬박 이틀이 걸렸다. 최대한 뿌리를 살리려고 둘레 5미터가량 분을 충분히 크게 떴더니 흙 무게까지 총 32톤이 나갔다. 대형 건설 장비를 옮기는 로베드트레일러를 이용해 전깃줄 등 시골길 장애물을 피하는 데 생각보다 시간이 오래 걸렸다고 한다.

"부산에서 사업에 실패하고 26년 전 고향에 돌아왔어요. 그러다 어릴 때부터 좋아하던 모과나무를 찾아다녔어요. 2010년이었어요. 알고 지내던 분이 의령 어디 마을에 가보라고 했어요. 마을 뒷산 기슭 대밭에 (이 모과나무가) 있었거든요. 처음 딱 봤는데, 어두컴컴한 게 무섭더라고요. 압도당했죠. 귀에서 심장 뛰는 소리가 들리더라고요. 안 보던 큰 나무를 보게 되면 그렇게 됩니다. 자세히 보니 나무 속 구멍에까지 대나무 여덟 그루가 자랄 정도로 관리가 잘 안 되어 있었어요. 자주 갈 땐 일주일에 한두 번씩 찾아가서 2년간 살폈지요. 구매하려고 보니 소유자가 한 종중이었어요. 처음에는 '조상님들 아끼시던 나무'라 안 된다고 했지만 나중에 '다들 늙고 관리할 힘도 없다'며 '모셔 가라'고 하더라고요. 제사를 올리고 '할배요, 세상 구경 가입시다' 하고 모셔 왔습니다. 진짜 우리 할배 모시듯, 거름을 써도 제일 좋은 걸로, 매일매일 상태를 살피면서 예를 갖춰 모십니다."

박 씨에게 어느 마을인지, 어디 종중인지, 나무 구매비가 얼마인지를 물었으나 '할배에 대한 예의가 아닌 것 같다'며 손사래를 쳤다.

낯선 땅에서 튼튼히 뿌리를 내린 장년 나무

이날 이 모과나무의 생육 상태를 살폈다. 잎이 넓고 많았고, 열매는 많고 컸다. 또 새 가지는 길고 곧았다. 이식한 나무였지만 다행히 새 터전에 잘 적응하고 있었다. 어마어마한 몸집을 키워왔지만 여전히 팔팔한 장년이었다. 매년 화려한 분홍빛 꽃을 피우고 머리통만 한 모과들을 주렁주렁 가득가득 매단다.

종중이 아끼며 지켜오고 치성을 올리던 나무 신은 왜 이런 먼 곳까지 와야 했을까. 아무리 좋은 주인을 만나도 뿌리를 내려 수백 년 산 고향만큼은 못할 테다. 인구는 줄고, 지킬 사람이 없는 마을은 비어가는데, 차라리 다행이라고 해야 할까. 잘 익은 모과를 따다 차를 끓이고 술을 달이던 사람도, 풍경도, 마음도 모두 낯설어져버렸다.

이 모과나무가 떠난 의령군의 인구는 2023년 6월 기준 2만 5806명 명으로 경남에서 가장 적다. 지금은 '선량한 소유주'를 만나 대접받지만 앞으로는 어떨까. 이 질문에 박 씨는 복잡한 속내를 드러냈다. "저도 그게 고민이에요. 경제적으로 어려워지면 어떻게 해야 할까. 또 나중에 내가 죽으면? 수백 년은 더 살아갈 나무인데…"

이 나무 어르신의 수령이 궁금했다. 박 씨는 이전 소유주인 종중 쪽에서 들은 말을 참고해 다른 노거수 모과나무들과 비교해본 결과 450~500살 정도로 추정했다. 모과나무는 과일나무 중 드물게 오래 사는 장수목임에도 식재 시기 등이 사료로 남은 경우가 거의 없다고 한다.

해마다 이렇게 굵은 모과가 많이 열린다.

귀한 장수목 과실수, 모과나무

모과나무는 유실수* 중에서 매실나무(매화나무)와 함께 건강하게 오래
사는 대표적인 나무다. 상처가 나면 유합조직**이 상처를 감싸 낫게 하

---

*　먹을 수 있거나 유용한 열매가 열리는 나무.

**　식물의 상처 위로 자라 치유를 돕는 세포 덩어리다. 나무 등 식물의 가지가 바람에
　　부러지거나 고라니 같은 초식동물에 의해 다쳤을 때 만들어진다. 다친 곳을 덮어

는 능력이 뛰어나다. 모과나무에 연리지(두 나무의 가지가 맞닿아 결이 서로 통한 것)가 잘 생기는 것도 이런 특징 때문이다. 공해나 추위, 더위에도 잘 견딘다. 하지만 매화나무를 제외하곤 유실수는 당산나무로 삼지 않았다. 요즘도 기념식수는 보통 소나무나 향나무 차지다. 따 먹고 소비하는 과일이 열린다는 이유로 귀하지 않게 여기기 때문이다. 과실수가 천연기념물로 지정되기 시작한 건 20년도 채 되지 않았다. 아무리 크고 멋진 거목이더라도 '역사성', 즉 인간이 기록으로 남긴 근거가 없다는 이유에서였다.

천연기념물인 청주 '연제리 모과나무'도 수령이 애매하다. 2000년 '충청북도 기념물'로 등록될 때 수령이 300~350살로 돼 있었지만, 2011년 천연기념물로 등재될 땐 500살로 150~200살이 불어났다. 역사적 맥락도 논란거리다. 1455년 단종이 임금에서 끌어내려진 뒤, 관직을 버리고 청주 무동(桮洞·모과나무마을·현 연제리)에서 지내던 학자 유윤(柳潤)이 세조의 부름에 자신은 '이 모과나무(연제리 모과나무)처럼 쓸모없는 사람'이라고 칭하며 거부해, 임금으로부터 '무동처사'라는 어필(御筆·임금이 쓴 글씨)을 받았다는 내용이 안내판에 쓰여 있다. 하지만 문헌 근거가 제시되지 않았을뿐더러 어필을 내린 임금이 누구인지도 불분명하다. 문화재청은 홈페이지에 '연제리 모과나무'를 소개할 땐 그 임금을 세조라고 했지만, 유윤과 관련한 다른 천연기념물인 충남 서산 '송곡서원 향나무'(제553호)를 소개할 땐 광해군이라고 했다.

1978년 충익사를 '의병장 곽재우 유적지'로 성역화하면서 인근 마을

보호하고 감염과 수분 손실을 막는다.

에서 옮겨 심은 '의령 충익사 모과나무'도 1987년에 경상남도 기념물로 지정될 땐 280살로 기록되었던 것이 현재 500살로 바뀌었다. 전라북도 순창 강천사, 강원도 삼척 안의리, 경상남도 창원 의림사 등 전국 각지에 수백 살 됐다는 모과나무가 많은데 이 나무들의 나이 또한 얼마나 정확할까. 모과나무뿐 아니라 다른 수종 노거수들도 마찬가지다. 수백 살은 쉽게 늘었다 줄었다, 고무줄이다.

한편으로 생각해보면 나이와 근본을 따지는 것이 그렇게나 의미 있다고 할 수 있을까. 이 노거수들의 생태적 특징을 알아가는 것만으로도, 그것도 아니라면 그 웅장한 수관 아래 서는 것만으로도 마음속 울림을 경험할 수 있다.

"나는 본시 담증(痰證)이 있어서 모과를 약으로 장복하고 있다. 그런데 충청도에서 쌀을 찧는다고 한 개도 올려보내지 않았다고 하니 매우 놀라운 일이다. 속히 파발을 띄워 독촉하라." 《조선왕조실록》 광해 1년(1608년) 10월 21일 기사에 이런 대목이 나온다. 모과를 애타게 찾는 임금의 답답함이 느껴진다. 400~500살이라면 이때 쓰인 진상품일 수 있다. 모과는 말리거나 꿀 혹은 설탕에 재워 차로 마시거나 술을 담가 먹는다. 겨울은 '임금도 목말라한 모과'를 즐길 제철이다.

참, 모과나무는 벚나무아과로 벚나무와 친척이다. 잎도 안 틔운 상태에서 만개하는 벚꽃만큼 화려하진 않아도 5월 잎사귀 사이사이 핀, 꽃잎 다섯 장 모과꽃도 참 근사하다.

농원 주인은 이 노거수를 모과 할배라고 부른다.

창녕 모과나무 옆에 '노거수를 찾는 사람들' 활동가들이 서 있다.
원래는 더 넓고 웅장한 수관을 가지고 있었지만
옮기는 과정에서 잘려나갔다. 박정기 제공.

숨은 고수를 찾습니다

가을, 겨울이 되면 해가 짧아집니다. 도시공원 한편 그늘진 곳에 모과나무가 홀로 서 있습니다. 자세히 살펴봅니다. 어디서 빛을 끌어다 쓰는 것인지 노란 열매만큼은 반들반들하고 환합니다. 바닥에 떨어진 모과 열매 한 알이 눈에 들어옵니다. 집어 듭니다. 나쁘지 않을 정도로 적당히 미끈한 기름 성분을 손끝에 느낄 수 있습니다. 달콤 시큼한 레몬 향이 상큼하게 콧속으로 몰려듭니다. 따뜻한 느낌마저 줍니다. 모과 열매로 청과 술을 담그고, 차를 달여 마시면 기침·기관지염 같은 질환을 완화하는 데 도움이 됩니다.

그렇다고 모과가 지금 모습을 갖게 된 것이 사람들의 감기를 낫게 하기 위한 것은 아닙니다. 기분 좋은 향이나 환한 색깔은 동물들을 끌어들여 씨앗을 퍼트리려고 진화한 결과물입니다. 사람까지 유인하는 건 일종의 부작용입니다. 껍질이 나무처럼 딱딱한 질감을 갖게 된 것은 내부 씨앗이 손상되는 걸 막기 위한 번식 전략입니다. 껍질의 끈끈한 왁스 층도 수분 손실을 막고 미생물 감염을 방지하려고 스스로 익히게 된, 대를 이은 긴 세월의 흔적입니다.

이런 특별한 나무가 수백 살을 살며 한 해도 빠트리지 않고 큰 참외만 한 모과를 주렁주렁 엽니다. 천연기념물 노거수로 지정된 모과나무들도 있습니다. 연제리(충청북도 청주시 흥덕구 오송읍) 모과나무가 대표적입니다. 2011년 1월에 천연기념물 522호로 지정됐습니다. 높이 12.5미터에 가슴높이 둘레 3.7미터, 500살로 추정된다고 합니다.

사실 매화나무를 제외하면 유실수 중에서는 천연기념물 노거수로 지정된 경우가 극히 드뭅니다. 문화재청은 2006년 6~7월 '유실수 노거수'를 공개 모집하기에 나섰습니다. 말하자면 '숨은 고수를 찾습니다' 같은 행사였습니다. 당시 추천된 유실수 노거수는 모두 49그루입니다. 배나무류가 13그루로 가장 많았고, 감나무가 11그루, 모과나무 7그루, 밤나무 5그루, 매화나무 3그루, 호두나무, 대추나무, 고욤나무, 석류나무 등입니다. 연제리 모과나무도 이 과정에서 세상에 널리 알려졌습니다. 당시 공개 모집에서 대상을 받은 평창 운교리 밤나무(2008년 12월 지정), 최우수상을 받은 제주 도련동 귤나무(2011년 1월 지정), 의령 백곡리 감나무(2008년 3월 지정) 등과 함께 천연기념물 노거수 할머니, 할아버지로 대우받고 있습니다.

이런 '국가적인 노거수 찾기' 행사에도 창녕 신전리 모과나무와 같은 웅장한 거목이 드러나지 않았던 겁니다. 보호수나 시·도기념물, 천연기념물로 지정되지 않았지만, 지금도 아름다운 숨은 고수들이 더러 확인되고 있습니다. 그래서 마을의 터줏대감이나 숲의 신으로 수백 년 이상 살아온 거목들이 멋대로 베이거나 이를 함부로 사고파는 일도 비일비재하다고 합니다. 이 나무를 모두 관리와 행정의 영역에 편입시켜야 할까요? 최소한의 법적 보호를 받는 건 사실이지만, 행정 영역에 편입된 까닭에 제 명에 못 산 노거수들도 많았습니다. 차라리 돈 많고 마음씨 착한 주인을 만나게 해주는 것이 나을까요? 지속 가능하지도, 정의롭지도 않은 방법인 것 같습니다. 고민이 됩니다. 할머니, 할아버지 나무가 편안하게 잘 살 수 있도록 하려면 어떻게 해야 할까요?

부산 사상구 사상근린공원의 '500살 주례동 회화나무'.

재개발로 터전을 떠나 이식·재이식되면서 가지와 뿌리가

대부분 제거돼 현재는 정상적 생육이 힘든 상태다.

수목 생육 상태 모니터링 중입니다.

수목 보호를 위해
들어가지 말아주세요

3. 부산 회화나무

︽

사지가 절단된 채 쫓겨난 500살 나무

부산 사상구 감전동 사상근린공원 들머리. 모르고 보면 시커멓고 커다란 나무토막이 왜 공원에 덩그러니 놓여 있는지 사연이 궁금할 것이다.

갈색 페인트로 덧칠했지만 숯이 된 몸통을 다 가리진 못했다. 그래도 회화나무의 특징인 세로로 촘촘하게 갈라진 수피가 보인다. 이 거대한 나무토막의 정체는 사상구에서 가장 오래된 '500살 주례동 회화나무'다. 주례동이 재개발되면서 2019년 2월 사지(나뭇가지와 뿌리)가 절단된 채 쫓겨났다. 2022년 2월에 주례동 바로 옆 동네인 감전동으로 돌아왔지만 귀향 뒤 몸통을 감쌌던 철제 틀을 해체하는 과정에서 용접 불똥이 튀는 바람에 남아 있던 수간*마저 크게 훼손됐다. 나무에는 군데군데 도장지가 돋아 있었다. 도장지란 나무가 극도의 스트레스를 받을 때 내

---

* 밑동과 연결된 나무 몸통에서 뻗어나온 중심 줄기를 '수간(樹幹)'이라고 한다. 수간에서 굵은 줄기들이 갈라진다. 여기서 가지들이 뻗고, 가지들은 잔가지들을 낸다.

뻗는 몹시 연약한 가지를 말한다.

"재개발로 아파트 짓는다고 팔다리가 다 잘린 채 자기 고향 떠나서 3년 넘게 객지로 갔다가 다시 돌아온 게 2022년 2월 28일이었죠. 건강하게 자라났으면 하고 고사를 준비했는데, 그만 불이 붙는 바람에…."

'주례동 회화나무'를 바라보던 강은수 사상문화원 향토사 연구위원이 눈을 지그시 감았다.

마을 사람들이 소주병 놓고 기도드리던 나무

회화나무는 한때 키가 15미터를 넘고 가슴높이 둘레가 6.2미터에 이르는 우람한 모습이었다. 회화나무 특유의 우상복엽(羽狀複葉)*으로 그늘도 유난히 넉넉했다. 이제 키는 3미터 남짓에 불과하다.

감전동에서 태어난 강은수 위원은 결혼한 누님이 살던 옆 동네 주례동을 오가며 어린 시절을 보냈다. 주례동은 과거엔 백양산 골짜기 아랫마을이라고 해서 '골새마을'이라고 불렸다. 이 마을의 공동 우물 앞에 당산나무(마을 사람들이 수호신으로 모시며 제사를 지내주는 나무)인 '주례동 회화나무'가 터 잡고 있었다.

불과 10년 전까지만 해도 마을 할매, 할배들이 이 나무 앞에 소주 한

---

* 잎자루 양옆에 작은 잎이 짝을 이뤄 달리는 잎 모양. 여러 잎이 모여서 깃 모양을 이룬다고 '깃모양겹잎'이라고도 한다. 그중 회화나무나 아까시나무는 작은 잎들의 숫자가 홀수(기수, 奇數)라서 기수우상복엽이라고도 부른다. 반대로, 실거리나무는 작은 잎들의 숫자가 짝수(우수, 偶數)라서 우수우상복엽이라고 한다.

병, 과일 한 그릇을 바치면서 소원 빌고 기도드리는 모습이 일상이었다. 부산·경남 일대 무당들도 때때로 찾았다. 언제 어떻게 식재되었을까? 이에 강 연구위원은 "안타깝게도 맨 처음에 누가 심었는지 기록이 남아 있지 않아요. 그래도 '학자수'라 부르는 회화나무를 마을 사람들이 매일 모이는 곳에 심은 걸 보면 '우리 마을에 똑똑한 아이들 많이 나와라' 하는 염원이 있었던 것 같아요"라고 답했다.

오래전에는 크고 작은 위기도 있었다. 1901년 일본 민간 자본인 '경부철도주식회사'가 사설 철도인 경부선을 깔았다. 부산역에서 시작해 백양산을 동북쪽에 끼고 서울로 향하는 철길은 '주례동 회화나무' 위를 지나가도록 계획되어 있었다. 이에 주민들은 '마을을 지켜주는 수호목을 지켜달라'고 호소했다. 결국 30미터가량 북쪽으로 올라간 곳에 지금의 경부선 철길이 놓였다.

주례동에서 나고 자란 송동준 전 사상구의원은 "경부선을 지도에서 보면 주례동 쪽으로 오면서 완만한 곡선이 아닌 직선 구간으로 되어 있어요. 그때 어른들이 진정을 넣었기 때문이라고 해요. 어릴 때 어른들이 저 나무를 신이라고 했어요. (나무를) 해치면 사람이 죽는다고 그랬죠. 요즘 같은 정월 대보름쯤 새끼줄(금줄)에 고추와 숯을 달아서 나무에 둘러놓았죠"라고 말했다.

그 뒤 약 120년 만에 큰 위기가 또 찾아왔다. 2017년 주례동 일대에 재개발 공사가 본격화했다. 보호수 지정이 안 된 탓에 땅 주인(재개발조합)이 마음대로 베어버려도 법 위반은 아닌 상황이었다. 2018년 12월 뒤늦게 일부 주민과 시민단체가 움직였다. 이 노거수의 존치를 위한 '설계 변경' 등 대안 마련을 촉구했다. 하지만 재개발조합과 시공사 쪽은 완강했다. '존치하면 뿌리를 고려해 반경 20미터가량을 보전해야 한다. 공사 지장이 우려된다'[1]는 논리였다.

트레일러 크기에 맞춰 굵은 줄기를 몽땅 자르다

설 연휴 다음 날이던 2019년 2월 7일, 재개발조합은 '주례동 회화나무'를 80킬로미터 떨어진 경상남도 진주시 이반성면의 한 개인 농원에 임시(3년 기한)로 이식했다. 트레일러 크기에 맞춰 굵은 줄기는 몽땅 잘렸고 뿌리도 대부분 제거됐다.

"우리는 '이식'이라는 허울 좋은 명분으로 해당 조합이 노거수를 무식하게 처분하며 얻고자 했던 것이 아파트 시공상의 문제와 그로 인한 비용의 추가 부담 때문이란 것을 안다."[2] 부산 지역 시민단체들이 항의했다.

임시 기한 3년이 지난 2022년, 재개발조합 측은 돌연 '주례동 회화나무'를 되돌려받는 것에 난색을 보였다. 애초에 이식이 아니라 제거가 목적이었던 것 아니냐고 시민단체와 주민들은 지적한다. 재개발조합 관계자는 "구청에서 (나무) 인수를 요청해 (농원 쪽에) 넘겼다. (진주의 농원 쪽에) 매년 600만 원씩 ('주례동 회화나무'에 대한) 관리비를 냈다. 아파트 시설물 설치가 이미 완료돼 공간이 없었다"라고 설명했다.

부산 사상구청 담당자는 "2019년 2월 진주로 이식될 때 구청이 관여할 법적 근거가 없었지만, 이후 '보호수가 아닌 노거수'에 대해 구청이 관여할 조례가 2020년 2월 제정됐다. 재개발조합 쪽이 '주례동 회화나무' 인수 의사가 없다고 해 소유권을 이전받아 감전동 사상근린공원에

재이식하기로 결정했다"라고 말했다. 그런데 이 '터줏대감 나무'의 귀향 첫날인 2022년 2월 28일, 뿌리를 지탱하던 철제 틀을 해체하는 과정에서 용접 불똥이 몸뚱이에 옮겨붙었다. 소방 장비도 없어 나무는 10여 분간 속수무책으로 타들어갔다. '환영 행사' 때문에 왔던 촬영 카메라에 이 장면이 담겼고, 행사는 취소됐다.

이후 이 나무는 죽은 것도 산 것도 아닌 상태다. 이식 과정에서 뿌리를 지나치게 많이 잘라냈다. 굵은 줄기까지도 몽땅 잘라냈다. 무게가 가벼워야 옮기는 비용도 덜 나온다. 수목 관련 책에는 수간 직경의 4배 이상 넓이의 뿌리는 남겨야 한다고 돼 있지만, 세상 법에는 얼마나 잘라내

인간의 욕심에 치이고 치여 흉측한 모습으로 남은 주례동 회화나무의 옆구리에서
생애 마지막 몸부림을 치듯 도장지가 세차게 뻗었다.
살았다고도 죽었다고도 할 수 없는 처참한 상태다.

야 하는지 기준이 없다. 그러니 돈이 법전이고 감독관이다. 부산 사상구에서는 이 나무 옆구리에 도장지가 난 걸 보고 나무가 살아났다는 보도자료를 내기도 했다. 하지만 도장지가 굵은 줄기로 자랄 확률은 극히 희박하다. 도장지는 죽기 직전 내지르는 마지막 비명일지도 모른다.

재개발 이슈 앞에 선 온골마을 회화나무

강 연구위원은 "처음 재개발할 때 이 문제에 관심을 가졌다면 원형 그대로 살았을 텐데… 그때는 아무도 생각을 안 하다가 정작 절단되고 불탄 상태가 된 지금에야 뒤늦게 이런저런 논의를 한다는 게 정말 안타깝다. 나무를 제대로 못 지키면 이 꼴을 당한다는 걸, 이 노거수가 설사 죽더라도 이 자리에 남겨 교훈으로 삼았으면 한다"라고 말했다.

2019년 2월 '주례동 회화나무'가 쫓겨나면서 훼손된 일을 계기로 2020년 2월 부산시 보호수 및 노거수 보호·관리 조례가 개정되었다. 보호수로 지정되지 않은 노거수를 '준보호수'로 지정해 관리하는 법적 근거를 마련한 것이다. 2021년 12월 부산 지역 시민단체들은 "우리는 나무와 숲 없이 존재할 수 없다. 나무는 지구의 일원으로 참여할 권리가 있다"라는 내용의 '나무권리선언'을 발표했다.

이 비극으로 우리는 무엇을 배웠을까. 이날 '주례동 회화나무' 뒤쪽 산에 쓰러진 나무들이 보였다. 현장을 살폈더니 곰솔(해송) 수십 그루가 베여 있었다. 직경 80~90센티미터로 100살이 훌쩍 넘은 노거수가 여러 그루 확인됐다. 개발업자가 공원 용도로 지정된 땅을 사들여 공원을 만들면 지자체가 일부 땅을 아파트 등으로 개발할 수 있도록 허가해준 데 따라 이뤄진 합법적인 벌채가 이뤄지고 있었다. 이곳은 마을 수호신이 사는 당산(고석 할매·할배 당산) 숲이다.

같은 날 골새마을 위쪽 경부선 철길 너머 온골마을을 찾았다. 이 마을에도 300살 노거수 회화나무가 뿌리를 내리고 있다. '주례동 회화나무'와 마찬가지로 이 나무도 마을의 공동 우물 옆에 살았다. 1975년, 인근에 사상공업단지가 들어서면서 우물은 사라졌다. 나무는 주택들 틈새를 비집고 살고 있었다. 그럼에도 가지 하나하나 곧게 뻗기보다 비스듬한 걸 좋아해 나목(겨울철 잎이 진 나무)마저 아름답다는, 회화나무다운 모습이었다. "호탕하고 대담무쌍하며 꼭 일정한 순서와 섭리에 얽매이지 않는"**3** 정경이었다.

3000여 년 전 중국 주나라 궁궐 조정에 회화나무 세 그루를 심었다는 기록(《주례》, 〈추관〉 편)에 따라 우리나라 궁궐에도 회화나무를 심었다. 지금도 창덕궁·창경궁·덕수궁 등에서 회화나무를 만날 수 있다. 배운 사람들이 서당에 심었다고도 전해지며, 학자수 또는 출세수라는 별명으로도 불린다. 초봄 매화나무를 시작으로 벚·사과·모과나무(4월), 이팝·아까시나무(5월), 밤나무(6월), 모감주나무(7월)로 이어지는 '꽃대궐 랠리'가 뜸해지는 늦여름, 회화나무는 반갑게도 황백색 꽃을 피운다. 올려다보니 온골마을 회화나무 꼭대기에 앙증맞은 콩꼬투리들이 달려 있었다. 콩알 사이가 개미허리처럼 잘록한 게 특징이다. 나무 자체는 '거구'지만 콩(대두)과 친척 사이임을 숨기지 않았다.

이곳에도 주례동처럼 재개발 바람이 불고 있다. 터줏대감 회화나무는 무사할 수 있을까. 주례동 회화나무에 벌어졌던 난도질 사건이 온골마을 재개발이 추진되면 똑같은 상황이 반복될 건 불 보듯 뻔한 일이다. 그 이면에는 물질만능주의와 개발주의의 민낯이 도사리고 있다. 생명을 경시하고 이익만 고집하는 못된 태도에 대한 반성이 없다면 온골마을 회화나무도 베이거나, 뿌리와 줄기를 끊어낸 뒤 멀리 처박아둘지 모른다.

부산 사상구에서 두 번째로 나이가 많은 노거수인
'주례동 온골마을 회화나무'의 콩꼬투리.
콩알 사이가 개미허리처럼 잘록한 것이 특징이다. 이 노거수는 300살로 추정된다.

서울 종로구 창덕궁 돈화문 안쪽의
'천연기념물 회화나무군' 가운데 서쪽 첫 번째 나무.

펑펑 울어버릴 것만 같은

회화나무처럼 잘 얽어걸린 이름도 없을 것 같습니다. 8월이 되어야 피우는 화려한 자태의 회화(회화나무의 꽃)를 괴화(槐花)라고 합니다. 회화나무 '괴'에, 꽃 '화'이니 회화나무 꽃이라는 뜻입니다. 이름에까지 '꽃'이란 말을 쓸 만큼, 나비를 닮은 화려한 '꽃나무'라는 점을 강조했습니다. 사실 회화나무라는 우리말 이름은 말이 전해지면서 생긴 어긋남에서 비롯되었습니다. 회화나무가 유래한 중국 땅에선 괴화를 화이화(huáihuā), 즉 '회화'와 비슷하게 발음합니다. 충남 서산에선 회화나무를 호야나무라고 부릅니다. 2008년 충청남도 기념물로 지정된 서산 해미읍성 '회화나무'의 별칭이 '호야나무'인 이유입니다. 이렇게 괴화가 회화가 되고 나니, 그 이름만 들어도 회화나무가 그림 같은 나무[繪畫, 회화]가 됐다가 이야기를 담은 나무[會話, 회화]가 됐다가 자유자재로 의식의 빈틈을 비집고 들어와버립니다.

우리나라에서 마을 사람들이 모여 정답게 이야기를 나누는 정자목은 느티나무·회화나무·팽나무, 이렇게 크게 세 종입니다. 이 가운데 팽나무는 남부 지방과 제주도에 주로 서식해, 전국적인 정자목으로는 느티나무와 회화나무가 양대 산맥이라고 할 수 있습니다.

이 두 나무는 크게 자라고 오래 살아, 봄과 여름엔 거대한 캐노피를 펼친 듯한 짙은 녹음을 줍니다. 잎 뒷면의 기공으로 활발하게 증산작용*을 하는 까닭에

---

* 흙 속의 물이 뿌리와 줄기 등 식물의 몸통을 통과해 잎에서 증발하는 현상. 뿌리가 빨아들인 물은 잎에서 태양빛을 이용한 광합성 작용을 하는 데 필수 요소다. 이 물은 응집력·장력과 모세관 작용 등을 통해 물관(목부)을 통과해 잎까지 도달한다. 대

시원하게 더위를 식혀줍니다. 그래서 이 둘을 비슷한 나무로 착각하기도 합니다. 고문헌에 나온 괴(槐)는 느티나무일 수도, 회화나무일 수도 있습니다.

하지만 겨울잠을 자는 두 나무의 모습은 너무도 다릅니다. 사방으로 고르게 가지를 뻗어 둥근 캐노피를 만드는 느티나무와 달리, 회화나무의 가지 뻗기는 마디마디가 어디로 튈지 모르는 자유분방함을 기조로 합니다. 그래서 "회화나무 그늘 아래서는 《삼국지》나 《장자》의 〈소요〉편을 읽는 것이 좋고, 느티나무 그늘 아래에서는 《동몽선습》이나 《논어》를 읽는 것이 격에 어울린다"[4]라고 합니다. 어느 나무가 더 좋다고 말하긴 어렵습니다. 다만 그 누구와도 말을 섞고 싶지 않은 흐린 날, 잎을 모두 떨군 채 염주 같은 콩깍지를 매단 회화나무를 만난다면 울컥하지 않을 자신이 없습니다. 어쩌면 펑펑 울어버릴지도 모릅니다.

기와 흙 속의 압력 차이가 물의 흐름을 촉진한다. 물이 도착한 잎에는 작은 구멍들이 있다. 이곳에서 수증기와 산소가 배출되고, 이산화탄소가 유입된다. 그러면 주변은 시원하고 상쾌해진다. 나무는 그냥 살아가는 건데, 사람 등 주변에 사는 다른 생명체들이 행복해진다.

전남 영암군 군서면 모정마을 '벼락 맞은 이팝나무'의 반파된 줄기 단면.

4. 영암 이팝나무

︽

벼락 맞고도 가득 꽃 피운 신목

대낮에 하늘에서 시뻘건 불기둥이 내리꽂혔다. 요란한 천둥소리와 함께 전남 영암군 군서면 모정마을 언덕에 주민들이 신목(神木)으로 모셔 오던 이팝나무 고목이 쩍 갈라져 반파됐다. 매미 수백 마리를 비롯해 이 나무에 기대 살던 곤충이 우수수 떨어져 바닥을 시꺼멓게 덮었다. 운저리(전라도 말로 '망둑어'를 가리킴) 낚시를 갔다 돌아온 한 주민이 나무 그늘에서 잠시 낮잠을 자다 그만 귀먹고 말았다. 1930년대 여름의 일이다.

"전설이 아니에요. 마을 사람들은 그분을 '해전하네'라 합니다. '하네'는 전라도 말로 '할아버지'라는 뜻이에요. '해전'은 택호고요. 이 할아버지의 할머니(아내) 고향이 '해전마을'이거든요. 귀가 잘 안 들리는 해전 할아버지는 이후에도 수십 년을 잘 사시다가 제가 초등학생 때인 1970년대에 돌아가셨어요. 저희 할머니에게 이 얘기를 종종 들었어요. 1982년 98살로 돌아가신 저희 할머니가 그날 벼락이 내리치는 걸 직접 봤어요. 벼락을 맞은 뒤로 무서워서인지 이팝나무 당산제는 지내지 않게 됐죠. 그래도 마을 어른들은 거의 껍질만 남다시피 한 나무가 이렇게 크게 잘 자라면서 꽃을 잘 피운다고 '역시 신목'이라고 했어요. 일주일 전만 해도 꽃 핀 모습이 정말 장관이었는데…."

2023년 5월 11일 벼락 맞은 이팝나무가 서 있는 모정마을을 찾았을 때, 김창오 행복마을추진위원장이 이렇게 말했다.

잘린 쪽으로 가지를 내 균형을 되찾은 나무

닷새 전 내린 폭우로 반절 넘게 졌다지만, 하얗고 수북하게 핀 이팝나무 꽃이 여전히 넉넉하고 웅장했다. 불어오는 바람에 우수수 꽃비가 내렸다. 수관 아래를 보니 벼락을 맞아 아래위로 결결이 쪼개지고 갈라진 채 새까맣게 탄 90년 전 상흔이 모습을 드러냈다. 40여 년 전 2미터 정도 높이에서 새로 뻗은 가지가 지금은 어른 허벅지만 하게 자랐다. 빈 반쪽을 채워 넣기라도 하듯, 가지가 없어 허전했던 서쪽으로 자라나 수형(나무의 모양새)의 균형을 맞췄다. 벼락을 맞았어도 키 10미터, 가슴높이 둘레도 한 아름이 한참 넘는 거목이었다.

주민들은 10여 년 전 군청에 마을 소유인 이 이팝나무가 전문적인 관리를 받을 수 있도록 보호수로 지정해달라고 요청했지만 반려당했다. 담당 공무원은 줄자로 나무의 크기를 잰 뒤 '보호수가 되기에는 규정상 둘레가 부족하다'고 했단다. 이에 주민들은 나무의사* 등 전문가들을 불

---

* 나무를 관리하고 치료하는 일을 전담하는 수목 전문가. 나무의사 제도는 2018년 6

벼락 맞은 이팝나무.

러 생육 상태를 점검했다. '아무 걱정 할 필요 없이 건강한 상태'라는 진단이 나왔다. '노거수를 찾는 사람들'의 대표활동가 박정기 씨는 이렇게 말한다.

"나무는 바깥쪽 10센티미터가량만 살아 있는 조직이고, 물관으로 쓰

월부터 시행했는데, 지정 기관에서 150시간 교육을 이수하면 시험 자격이 주어진다. 2024년 10월 기준 1557명의 나무의사가 탄생했다. 다만 우리나라가 나무의사 제도를 도입하기 위해 벤치마킹한 일본의 '수목의(樹木醫)' 제도와는 조금 다르다. 일본에서 나무의사(수목의)가 되려면 먼저 7년 이상 수목 보호·치료 업무 경험이 있어야 한다. 이후 논문을 내서 통과하고 15일간 연수 과정을 거쳐야 한다. 그런 후에 시험을 볼 수 있다.

이던 안쪽은 죽은 조직으로 켜켜이 쌓여 우리가 목재로 쓰는 '심재'가 됩니다. 이 심재는 잘 썩어요. 고목의 속이 썩어서 비는 건 아주 자연스러운 모습입니다. 빈 속을 '동공'이라 하는데, 그 자체로 노거수의 신령스럽고 존엄한 모습입니다. 그런데 사람들은 나무의 생리를 이해하려 하지 않고, 자기 몸을 생각하면서 빈 부분을 채우고 싶어 합니다. 그래서 그 속을 긁어내 채우는 '외과수술'을 하는데, 오히려 곰팡이 번식만 촉진하고, 노거수는 존엄을 잃게 됩니다. 모정마을 이팝나무의 경우 무리하게 손대지 않은 건 아주 잘한 일입니다."

이팝나무는 늦봄에 피우는 풍성한 꽃이 특징이다. 하지만 같은 꽃을 보면서도 문화권별로 각기 다른 모양을 떠올렸던 듯하다. 라틴어 이름*은 '눈꽃[雪花]'이란 뜻의 치오난투스(Chionanthus)이고, 영어 이름은 '하얀 술(white fringe tree)'이라는 뜻이다. 우리말은, 생각만 해도 따뜻하고 배부른 이밥(입쌀밥)을 닮았다고 해서 이팝나무다. 배불리 먹지 못해서였을까. 흰 꽃송이가 소복하면 수북하게 밥이 담긴 고봉밥 같았다 한다.

---

* 생물학에서 생물의 종에 붙인 분류학적인 이름을 학명이라고 하는데, 라틴어나 라틴어화한 말을 사용한다. 학명이라는 용어보다 라틴어라는 말이 딱딱하지 않고 수평적이라 라틴어라고 표현했다.

갯벌에서 들녘으로, 단숨에 변한 500년 역사

이 나무는 마을의 특별하고 오랜 역사를 되살린다. 그 역사는 약 500년 전으로 거슬러 올라간다. 이 나무는 나룻배를 묶는 지주대였다. 1540년 조선 중종 때 쌀 수확을 늘리고자 모정마을의 윗마을인 양장마을과 동호마을을 잇는 제방이 축조돼, 이 일대는 '십리평야'라 불리는 드넓은 들녘으로 변신했다. 이팝나무 아래는 서해 바닷물이 드나드는 갯벌이었다. 밀물 때 사공들은 떠오른 나룻배에 묶였던 밧줄을 풀고 노를 저어 고기잡이에 나섰다. 이팝나무 동쪽 아래 지명이 '갯논(갯벌에 둑을 쌓고 만든 논) 아래'라는 뜻의 '개노미테', 마을 동쪽 공터는 알춤사장(아래쪽 모래사장), 서쪽 공터는 울춤사장(위쪽 모래사장)이다. '해전하네'가 잡았던 망둑어도 바닷물고기다.

쌀이 돈이고 금이고 욕심이던 시절이었다. 1943년 '친일분자'이자 '호남 최고 갑부' 현준호는 양장마을부터 옆 마을인 성재마을까지 1.2킬로미터를 막아 제방을 지었다. 하춘화의 노래 〈영암 아리랑〉 2절에서 풍년을 염원했던 "서호강 몽해(夢海)들"이 바로 이때 만들어진 '학파농장'(1961년 완공, 892만 제곱미터) 들녘이다. 이후 1980년 목포에 영산강 하굿둑 공사가 완료되면서 바다는 30여 킬로미터 밖으로 밀려났다.

마을 곳곳에는 대대로 이어진 모정마을의 풍요로움이 아로새겨져 있었다. 벼락 맞은 이팝나무 언덕 동쪽으로는, 매년 여름 '홍련'이 화려하게 꽃을 피우는 마을 저수지(홍련지) 앞에 '풍년을 바란다'는 뜻의 원풍정(願豊亭)이 있다. 마을 이름도 원풍정의 옛 이름 모정에서 왔다. 모정(茅亭)은 《한비자》, 〈오두〉 편의 모자불치(茅茨不侈)에서 따온 '검소한 정자'라는 뜻이다. 원풍정에 서니 월출산 천황봉과 주지봉이 막힘없이 내다보였다. 밤이면 월출산에 하나, 흥련지에 하나, 두 개의 달이 뜬다는 곳이다.

본격적인 모내기 철을 열흘가량 앞두고 마을 주민 두 사람이 들러, 두런두런 벼락 맞은 이팝나무에 나룻배가 묶여 있었던 이야기를 들려줬다. "옛날 우리 부락 어른들이 여기 다 모여 쉬면서 얘기하고, 애들은 저수지에서 수영 연습하고 그랬죠. (영산강 하굿둑이 완공되기 전엔) 바닷물이 들어왔어요. 서호강 쪽 갯벌에 가서 게와 낙지, 맛조개를 잡고, 숭어 잡아다가 어란 만들고 그랬죠." 주민 김 씨가 돌이켰다. 또 다른 주민 신 씨는 "장어 새끼가 이 저수지에 많이 들어와서 팔뚝만 하게 자랐어요"라고 말했다. 그러면서 덧붙였다. "정치하는 사람들이 갯벌 없애고, 농토 넓히라고 저수지 만들었잖아요. 이제 벼농사 말고 할 게 뭐가 있겠습니까."

희소한 이팝나무의 성별

원풍정 앞엔 철비(쇠로 만든 비)가 서 있다. 김병교 전라도 감찰사의 명판결을 기념하는 글귀가 쓰여 있다. 1857년 일이다. 모정마을 주민에게 논을 팔고 이주한 땅 주인이 '저수지는 안 팔았다'며 물값을 받으려 하자, 감찰사 "논을 팔았다면 물을 판 것과 같다. 저수지는 주민의 것이다"라고 판결했다. 여러모로 농민에게 억울한 일이 많은 요즘이다. 농민들이 마음 편히 농사짓게 해줄 이런 판결이 또 나올 수 있을까.

이팝나무는 친숙한 나무다. 전국에 식재된 이팝나무 가로수는 모두

65만 5000그루(2020년 기준)로 전체 가로수의 7.0퍼센트를 차지한다. 벚나무와 은행나무 다음으로 많고, 느티나무보다 흔하다. 이런 이팝나무에 대해 우리는 잘 알고 있을까.

이팝나무는 수술만 있는 '수꽃 그루'와 암술·수술이 모두 있는 '양성화 그루'가 따로 있는 '수꽃-양성화 딴그루'라는 사실도 최근 확인됐다. 홍석표 명예교수 등 경희대학교 생물학과 생물계통연구실 연구진이 2016년 8월 학술지 《플로라》에 발표한 논문을 보면, 이런 '수꽃-양성화 딴그루'는 전체 꽃식물 가운데 0.005퍼센트로 극소수다. 양성화 그루만 가을에 포도알만 한 검은 열매를 맺는데, 모정마을 이팝나무는 양성화 그루다.

이팝나무의 경우, 수꽃 그루는 꽃가루 기증자(폴렌도너) 역할만 한다. 열심히 열매를 맺어 빠르게 자손들을 퍼트려야 할 것만 같지만, 이런 일종의 모험을 하는 건 유전적 다양성을 확보하려는 시도이고, 본능이다. 비슷한 성향의 집단만으로는 변화하는 다양한 환경에 기민하게 대응할 수 없다. 연구자들은 수꽃-양성화 딴그루는 암꽃 그루·수꽃 그루로 분화되는 중간 단계라고도 한다. 하지만 한 인간이 연구할 수 있는 시간은 길게 잡아도 60년이다. 인간은 수백 년, 천 년 이상 살아가는 나무의 시간표를 이해할 수 없다. 어떤 방향이 더 진화하고 덜 진화한 것인지 확인할 수도, 알아낼 수도 없다.

농촌이 쇠락하면 도시가 버틸 수 있을까

이팝이 더는 고봉밥으로 보이지 않는 배부른 시대다. 지금 모정마을엔 110가구가 산다. 1960~1970년대 마을이 번성했을 때만큼은 아니지만, 여전히 울력*의 전통이 이어지고 있다. 30~40대 젊은 가구도 네 가구 있어 다른 마을보다 형편이 낫다. 그럼에도 주민 상당수가 70대 이상 노인이다. '쇠락해가는 마을을 어떻게 되살릴 수 있을까.' 이 마을에서 나고 자란 뒤 도시 생활을 하다, 1998년 귀향한 김창오 행복마을추진위원장이 25년 동안 해온 고민이다.

"어머니가 편찮으셔서 곁에서 보살펴드려야 했어요. 또 두 아들에게 자립심과, 더불어 사는 힘을 키워주려면, 농촌에서 '촌놈 교육'을 해야 한다고 생각했어요. 이제 20대가 된 아이들이 농촌에 살아서 좋았다고 하네요. 사라지는 농촌 공동체를 살리는 데 제가 등불 하나 되고 싶었어요. 이제 본격적으로 은퇴하는 베이비붐 세대가 20~30년 여생을 제대로 살 수 있게 고향으로, 농촌으로 돌아가도록 귀향 운동을 벌여야 할 것 같아요. 인정이 살아 있고, 쉴 곳이 돼주고, 또 아름다운 풍경을 제공하는 농촌이 사라진다? 도시도 결코 버틸 수 없을 거예요."

---

* 마을 사람들이 힘을 합해 청소 등 마을 일을 하는 것.

벼락 맞은 이팝나무의 수관으로 햇빛이 비친다.

대통령의 나무가 되길 거부한다

박근혜 전 대통령이 대통령직 취임 42일 뒤인 2012년 4월 8일, 청와대 정원에 이팝나무를 심었습니다. "박 대통령이 오랫동안 이팝나무를 특별히 좋아해왔다" "이팝나무는 5월이 되면 하얀 꽃이 쌀밥처럼 수북하게 나무 전체를 뒤덮는 아름다운 나무다" "1970년대 퍼스트레이디 대행 때도 식수를 할 일이 있으면 주로 이팝나무를 심었다" 등등 매스컴을 통해 여러 이야기가 알려졌습니다.

이팝나무에 대한 관심이 크게 높아졌습니다. 그러면서 공원에 길가에 이팝나무가 대대적으로 심겼습니다. 서울시 가로수 통계를 보면 2004년 서울 시내에는 이팝나무 가로수가 단 한 그루도 없었습니다. 2010년 이전까지만 해도 2000~4000그루 정도로 드물었습니다. 하지만 2013년 박근혜 대통령 취임 이후 1만 그루를 넘어서더니, 2023년엔 2만 5613그루로 크게 늘어났고, 지금도 계속해서 확산되고 있습니다. 서울시 내 가로수 비중으로 은행나무·플라타너스·느티나무·벚나무에 이어 다섯 번째입니다.

조경이라는 분야가 적지적수(適地適樹, 알맞은 땅에 알맞은 나무를 골라 심음)라는 과학적인 원칙만으로 굴러가지 않습니다. 이팝나무가 아름다운 나무라는 건 맞는 말입니다. 늦은 퇴근길 가로등 빛에 비친 이 '수북한 쌀밥'을 보고 있노라면 가슴이 촉촉하게 젖어옵니다.

그런데 이팝나무가 심긴 자리엔 원래 요즘 인기를 잃은 플라타너스가 살았습니다. 플라타너스도 한때 가로수계의 슈퍼스타였죠. 잘 크고 건강하고 그늘이 넉넉하니까요. 하지만 서울시 가로수 중 플라타너스는 2004년 9만 8065그루에서 2023년 4만 8227그루로 절반가량 줄었습니다. '수종 갱신'이라는 이름으로 요즘 인기 있는 벚나무나 이팝나무로 대체된 겁니다. 플라타너스 입장에선 멀쩡하게 잘 살고 있다가 파내어 죽임을 당했다는 게 정확하겠죠.

그렇다고 심긴 이팝나무는 행복하기만 할까요? 나무를 뽑아서 심는다는 말에서도 생략되는 게 많습니다. 나무를 옮겨 심으려면 사방으로 뻗었던 뿌리들을 잘라내야 합니다. '뿌리돌림'이라고 합니다. 그래야 옮겨 심을 곳에 파놓은 구멍에 집어넣을 수가 있습니다. 뿌리는 동물로 치면 입(물과 양분을 먹으니까)과 코(흙 속의 공기로 숨을 쉬니까) 그리고 손발(물과 양분 공기를 찾아 뿌리를 뻗어나가니까)에 해당합니다. 찰스 다윈은 1880년 11월에 출간한 《식물 움직임의 힘(The Power of Movement in Plants)》에서 "식물의 뿌리는 하등동물의 뇌와 비슷한 것"이라며 동물의 뇌와 비교하기도 했습니다. 이른바 '뿌리뇌 가설'인데, 최근의 연구에서 식물도 동물처럼 뿌리를 통해 복잡한 의사결정을 한다는 사실이 드러나고 있습니다. 이런 뿌리의 상당 부분이 잘려나간 채 낯선 곳에 심깁니다. 옮겨 심은 나무들이 많이 죽어나가는 이유입니다.

박 전 대통령이 청와대에 심은 이팝나무는 국회의원 시절 지역구인 대구 달성군 옥포면 교항리의 이팝나무 군락지(산림유전자원보호구역)에서 가져다 심었습니다. 그곳에 있던 90~200살 된 20여 그루를 비롯한 이팝나무들 중 한 그루였다고 합니다. '박근혜 이팝나무'에게 선택지가 있다면 어떻게 했을까요.

경남 의령군 칠곡면 신포마을 느티나무 노거수.
둘레 2미터가 넘는 아름드리 줄기가 땅을 기어가며 자란다.

5. 의령 느티나무

⌄

비어가는 마을, 땅속에 묻힌 천년나무

느티나무는 여름이 되면 봄부터 모았던 에너지로 또 한 번 햇가지(여름
순)를 힘차게 밀어낸다. 포물선을 그리며 동서남북으로 고루 뻗은 햇가
지가 출렁인다. 양옆으로 연한 빛깔의 햇잎이 돋아, 덥수룩한 머리(수
관)가 유난히 밝다. 봄에 한 번만 새 가지를 내는 '보통 나무'보다 빨리
자라는 건 당연한 일. 건강 체질이라 수백 년에서 천 년 이상 장수한다.
그래서 불과 30~40년 전만 해도 느티나무 고목은 우리나라 곳곳에 참
흔했다. 마을 어귀엔 어김없이 정자나무로 느티나무가 있었다. 빽빽한
잎으로 넉넉한 그늘을 만든 덕에 누구나 모였고, 이야기가 피어났다. 그
땐 매미 소리도 참 우렁찼다.

"여기 원래 60여 가구 마을이 있었는데, 일제강점기인 1910년대에
쌀을 늘린다고 둑이 만들어지면서 물에 잠겼다고 해요. 남쪽으로 함안
대산(면), 북쪽으로 의령 신반(리), 동쪽으로 창녕 남지(읍)로 드나드는
길목이라고 삼걸(삼거리)마을, 세 산에 둘러싸였다고 삼산마을이라고

했어요. 이 둑 안쪽을 웃삼걸마을, 이 바깥쪽을 아래삼걸마을이라고 불렀지요. 두 마을의 경계에 당산나무 네 그루가 있었어요. 마을만 희생된 게 아니라 수백 살 된 나무 두 그루도 베이고 둑이 만들어지면서 둥치는 물에 잠겼어요. 원래 열 사람이 손을 뻗어야 겨우 닿는 굵기라서 '천년나무'라고 불렀죠. 제가 어릴 때도 이 밑동을 둥그나무(동구나무)라고 불렀어요. 밑동이 얼마나 넓었는지, 저수지 위로 밑동이 드러나는 날이면 마을 사람들이 모여 그 위에서 목욕하고 빨래하고 낚시했지요."

2023년 7월 13일 오전, 경상남도 의령군 지정면 두곡저수지 앞 느티나무 아래에서 만난 동곡 법사(전 김해화엄불교회관 태림원 원장)가 돌이켰다. 그가 아버지와 할아버지에게 들은 이야기다. 삼걸마을(삼산마을)은 현재 두곡천 아래 두곡리에 편입돼 이름도 희미해진 상태다. 동곡 법사는 한산당 화엄 스님(1925~2001)을 은사로 모셨다.

남은 두 그루 중 더 큰 한 그루를 살펴봤다. 곧게 자란 뒤 사방으로 가지를 뻗는 여느 느티나무와는 달랐다. 땅과 맞닿은 부분에서 1.5~2미터 굵기의 가지 여섯 개가 뻗어 있었다. 둑 축조 때 남아 있는 느티나무 줄기도 2층 높이 정도의 흙으로 덮였기 때문이다. 사람으로 따지면 턱밑까지 파묻혀 100년가량 살았다는 얘기다.

잎의 크기는 작았고, 나무껍질은 제대로 벗겨지지 않았다. 말라 죽은 가지도 많았다. 여름 순도 생기지 않았다. 어렵게 살아가고 있었다.

이런 점 때문에 마을 주민들은 군청에 두 나무를 보호수로 지정해달라고 건의하려 한다. 나무는 잔뿌리를 지표면 30센티미터 이내에 뻗어

신포마을 느티나무의 꽉 찬 수관.

호흡한다. 흙을 높게 덮는 복토(覆土)*는 나무를 병들게 하고 죽게 하는 일이다. 정이품송(충북 보은), 용문사 은행나무(경기기 양평) 등이 대표적인 복토 피해 사례로 꼽힌다.

---

* 씨를 뿌리고 그 위를 흙으로 덮는 것도 복토라고 하지만, 여기서 말하는 복토는 전혀 다른 복토다. 나이가 들면 나무의 뿌리는 자연스럽게 지표면 위로 올라온다. 이걸 본 사람들은 걱정하면서 흙으로 덮어준다. 아끼는 마음이었을지 모르지만, 이렇게 복토를 하면 나무에 심각한 피해를 준다. 지표면 10~30센티미터 깊이에서 물과 양분을 빨아들이는 잔뿌리들은 나무 생명 활동의 핵심이다. 이런 잔뿌리들 위에 무거운 흙더미가 수십 센티미터에서 1미터 이상 덮이게 되면 흙이 압축돼 잔뿌리들은 질식해 죽게 된다. 또 흙 위로 올라온 나무뿌리의 상처가 다시 흙에 덮여 세균이나 바이러스에 감염된다.

그런데도 이날 이 억센 두 고목나무의 촘촘한 수관은 비탈을 따라 20미터 이상 늘어져 아래는 어두컴컴했다. 옛 위세를 짐작할 수 있었다. 둘 다 키가 약 18미터였다. 땅속에 묻힌 가슴높이 둘레는 8.5~9미터 정도로, 수령은 300~500살 정도로 추정된다.

논은 줄고 둑은 높아지다

"전부 일급 논이었는데…." 함께 마을을 한 바퀴 돌던 동곡 법사가 잡초밭을 가리키며 말했다. 빈집이 절반가량, 잡초가 무성한 묵힌 논도 수두룩했다. 이제 부산 등 도시에서 귀촌한 가구를 합쳐도 마을엔 10여 가구만이 있을 뿐이다. 동곡 법사가 2016년 이 마을로 귀향했을 때 여덟 명이던 90살 이상 어르신도 이제 그의 부친을 비롯해 두 명뿐이다. 올 사람이 없어 마을 경로당이 문을 걸어 잠근 지도 벌써 3년. 그의 부친 이 옹(100)을 찾아 '천년나무'에 관해 물었다. 귀가 어두운 이 옹은 "무슨 나무? (…) 세월이 지겹다"라고 말했다.

이렇게 마을도 농업도 쇠락해가지만 2011~2012년 한국농어촌공사는 안전 우려 때문에 두곡저수지의 둑을 1.5미터가량 높였다. 동곡 법사는 한숨을 내쉬었다. "이렇게 논은 줄었지만 둑은 되레 높아졌다는 게 참…."

삼산마을에 아주 오랜만에 큰일이 생겼다. 사월 초파일 부처님 오신 날이던 2023년 5월 27일, 1000여 부처가 사는 불사가 세워진 것이다. 2008년 1월 두곡저수지가 가물어 바닥을 드러내자 동곡 법사는 수장됐던 느티나무 밑동과 뿌리를 끄집어냈다. '땅 위에서 천 년, 물속에서 백

경남 의령군 지정면 한 불사의 관음보살과 아수라.
수백 년 당산나무로 살다가 백 년가량 수장된 느티나무를 건져내 만들었다.

년을 산 고목에 불심을 새기겠다'라는 마음이었다. 무게만 5톤. 김해화
엄불교회관으로 옮겨 7년간 말린 뒤, 2015년 강원도 횡성 우백현(국가
무형문화재 제108호) 목조각장의 선목공방으로 보내져 8년간 작업이
이뤄졌다. 나무뿌리가 휘어진 모습 그대로, 휘어지며 돌을 움켜쥐었다
면 그 모습 그대로, 각양각색의 부처들이 세상 밖으로 나왔다.

"물에 잠겼다 밖으로 드러났다 하면 빨리 썩지만, 물속에서 백 년을
잠겨 있던 나무라 화석이 돼가고 있었을까요? 목질이 더 단단했어요. 조

각도가 잘 들어가지 않았고, 어떤 건 돌도 끼어 있어 하루에도 수차례 조각도를 다시 갈았어요. 40년 조각을 했지만 이런 목재로 작업한 건 처음이었습니다. 천 년을 신(목)으로 살다 백 년을 물속에 잠겼던 나무 자체를 느끼려고 했어요. 작업을 많이 하기보다는 생각을 많이 했어요. 그러면서 세세하게 작업하기도, 거칠게 작업하기도 했어요. 나무 느낌에서 지장보살님·관음보살님이 나오기도 하고, 배가 나온 포대화상이 나오기도 했어요."

우백현 명장의 공방을 둘러보니, 자비로 중생을 구제하는 관음보살의 머리 위쪽으로 악마(아수라)가 두 눈을 부라리며 입을 크게 벌린 조각상도 눈에 띄었다. "참선하다 보면 누구나 이상한 생각이 들고, 그러면 마음을 다스리고 또 다스려야 하지 않습니까? 문득 부처님도 그런 마음이 들지 않았을까 생각이 들더라고요."

'고급 목재' 느티나무, '기후 위기 대응 나무'가 되다

속살이 주황빛을 띠는 느티나무는 예로부터 고급 목재였다. 가야 시대 고분과 경주 천마총에서 출토된 관과 해인사 법보전, 화엄사 대웅전, 부석사 무량수전, 통영 세병관 등이 느티나무로 만들어졌다. 튼튼하고 오래 사는 느티나무는 수관 체적이 크고 엽량이 많은 특징 때문에 최근 기후변화 대응 나무로 다시 주목받고 있다. 처음 관심이 집중되었던 때는 1930년대에 '네덜란드 느릅나무병'이 유럽을 강타했을 때다. '네덜란드 느릅나무병'은 레이철 카슨이 《침묵의 봄》〈새는 더 이상 노래하지 않고〉 장에서 살충제 살포로 인한 연쇄적인 죽음을 지적할 때 등장한다.

이 병을 옮기는 딱정벌레류를 죽이려 살충제를 뿌렸더니 토양과 지하수가 오염되고 이에 중독된 지렁이 등을 먹은 울새까지 연쇄적으로 모두 죽고 말았다는, 살충제 살포의 치명적인 함정이 고발됐다. 이때 같은 느릅나무과인 '동아시아 느티나무'가 구원투수로 투입됐고, 지금까지도 유럽에서 널리 식재되고 있다.

느티나무속은 남부 유럽에 세 종, 동아시아에 세 종밖에 없다. 우리나라에선 전국 각지에 마을마다 서 있어 가깝게 느껴지는 느티나무지만 유럽에선 흔하지 않다. 느티나무는 1000~2000년은 어렵지 않게 살아낸다. 중국에서는 환경 변화나 병충해에 강하다는 점에서 느티나무를 기후위기에 대응하는 경제적인 조림수종으로 보고 연구를 진행하고 있다.

큰 나무가 있는 마을에서 큰 인물이 나는 까닭

큰 나무가 많기 때문일까.* 동곡 법사 말을 들어보면 이쪽 지역에서 난 인물도 많다. 두곡천을 따라 박사만 50명이 넘고, 영화 〈말모이〉의 실제 인물인 이극로(1893~1978)는 아래쪽 두곡리 출신이다. 삼산마을의 도로명주소도 이극로의 호인 '고루'에서 따와 '고루로'다. 또 이 마을 북쪽으로 임진왜란 의병장 곽재우(1552~1617)와 독립운동 실업가 안희제(1885~1943)의 생가가, 서쪽으로 삼성 창업자 이병철(1910~1987)의 생

---

* 의령군엔 세간리 은행나무, 현고수 느티나무, 백곡리 감나무, 성황리 소나무 등 천연기념물 노거수가 네 그루나 있다.

가가 있다.

큰 나무가 있는 마을에 큰 인물이 난다는 건 오랜 믿음이다. 그런데 생각해보면 납득할 만한 지점들도 보인다. 산을 사랑하고 나무를 사랑할 정도로 생명을 소중히 하고 이해하려는 마음을 가지고 있다면, 그런 마을은 분명히 인심도 좋고 아이들을 잘 가르쳤을 확률이 높다. 마을 정자나무나 당산목을 훼손하면 벌 받는다는 이야기도 단순한 미신이라고 치부하기엔 깊은 속내가 느껴진다. 이런 두려움마저 없었다면, 현재까지 일부나마 남아 있는 전국의 거목들은 어떻게 됐을까. 땔감이 모자라 겨울을 나기도 벅찼던 시절이 있었다. 옛날 마을 어른들이 수백 년을 살아온 나무에 손대지 않도록 가르친 건, 수목생리학은 몰라도, 아끼고 사랑해야 나무가 탈 없이 잘 자라고 그래야 인정도 살아남는다는 걸 알았던 건 아닐까.

숲 토양은 빗물 흡수 능력이 좋아,* 주변에 나무가 많으면 홍수가 방지되고 농사가 잘된다는 것도 과학적으로 밝혀지고 있다. 그런데 비어가는 마을에, 나무마저 위태로운 이 땅에, 인물이 계속 날 수 있을까. .

갖은 일을 겪은 삼산마을 느티나무와 달리, 잘 자란 느티나무의 고유 수형이 잘 드러난 고목이 있다고 해서 같은 날 찾아갔다. 삼산마을에서 차를 타고 서쪽으로 40분가량 가면 신포마을(칠곡면)에 다다른다.

"와!" 탄성이 절로 나왔다. 한 그루가 그 자체로 숲이었다. 사방으로 고르고 넓게 수관을 뻗은 고목나무 구름 한 폭이 서 있었다. 논밭 한가운데 있는 나무는 영락없는 정자나무였다. 안쪽으로 들어가보니 길이 2미터가 넘는 굵은 가지 세 개가 바닥을 기고 있었다. 햇빛을 조금이라도

---

* 2020년 국립산림과학원 조사에 따르면 도시 토양의 25배에 이른다.

더 보려 애썼던 것이 평범한 시작이었을 것이다. 이미 햇빛을 차지한 위쪽 가지를 피해 팔을 뻗고 있었다. 그렇게 물과 양분이 셀 수도 없을 만큼 여러 번 오갔다. 여기에 마을 주민들의 보호도 보탬이 됐을 것이다. 그렇게 지금의 웅장한 신목이 됐다. 키 24미터, 가슴높이 둘레 8.4미터, 잎과 가지가 뻗은 수관 폭은 무려 가로세로 45미터에 이르렀다. 때마침 매미들이 볼륨을 높였다.

"언제 심었다는 기록은 없지만, 김녕 김씨가 정착해 집성촌을 이룬 게 560년 전이라 그때 심은 것으로 봅니다. 우리가 어릴 때만 해도 이렇게 가지가 완전히 내려오진 않았는데, 세월의 무게 때문인지 점차 내려와 지금은 저렇게 땅에 닿았네요."

그런데 마을 이장의 말을 이어 들어보니, 신포마을도 개발 압력을 무탈하게 넘긴 것은 아니었다. 마을 어귀의 300살 된 동구나무와 팽나무도 이 느티나무와 함께 당산나무로 섬겨졌다고 한다. 하지만 마을 길을 확장하고 포장하면서 시름시름 앓다가 20여 년 전 말라 죽었다. 가구 수도 1970~1980년대에는 100여 가구였으나 현재는 42가구로 절반 이상 줄었다. 그럼에도 나무를 신성시하는 정서는 여전하다. 이 이장은 "어려서부터 저 나무를 함부로 하면 해가 돌아온다고 해서 우리 마을에 저 나무에 손대는 사람은 없습니다. 고사한 가지를 모아둬도 주민들이 일절 가져가지 않습니다"라고 말했다.

나무 지킬 마음은 있어도 사람이 없는 농촌과 달리, 도시에서는 또 다른 이유로 느티나무가 살기 팍팍하다. 너른 수관 탓에 건물에, 전봇대에, 차량 통행에 치인다고 불편하다고 한다.

도계 긴잎느티나무의 속은 누가 채웠나

나무는 우리와는 전혀 다른 진화의 경로를 겪어 오늘에 이른 고등 생명체입니다. 나무의 생리에 대한 오해는 어쩌면 당연하고, 인간이 지구상에 존재하는 유한한 시간 동안 끝끝내 그 오해를 풀 수 없을지도 모릅니다.

2023년 8월 1일 강원도 삼척에 있는 '도계 긴잎느티나무'(천연기념물 제95호)를 찾았습니다. 가죽만 남은 듯 속이 텅 빈 모습을 찬찬히 보고 있으면, '아, 이것이 바로 나무 신[神木]이구나' 하는 생각과 함께 신령스럽고 기묘하다는 느낌이 절로 듭니다. 가슴높이 둘레도 9.1미터로 웅장하지만, 그 넉넉한 수관이 정말 장관입니다. 동서남북으로 17~18미터가량 치우침 없이 수백만 장의 잎이 펼쳐져, 그 자체가 하나의 집을, 숲을, 우주를 이룹니다.

하지만 이런 신성한 존재에 대해 그간 인간이 '관리'라는 명목으로 보여준 건 몰이해에 기반한 일방적인 관심이었습니다. 1962년 천연기념물로 지정됩니다. 멀쩡히 잘 살아가던 노거수였지만, 1997년 속이 비어 있다며 우레탄 등의 충전재로 속을 채워 넣었습니다. 오히려 기력이 약해졌죠. 결국 2018년 채워 넣었던 충전재를 모두 제거했습니다. 뒤늦게나마 바로잡은 건 다행이지만, 그사이 21년이라는 적지 않은 세월이 흘렀습니다.

살아 있는 사람은 머리카락이나 손발톱과 같은 죽어 있는 조직을 달고 있습니다. 살아 있는 나무의 중심부(심재)도 죽은 부위입니다. 수백 살 된 나무들의 속이 자연스럽게 비어가는 이유입니다. 썩어가는 건, 죽은 유기물이 분해되는 과정이고, 이는 새로운 생명에게 없어서는 안 될 과정이기도 합니다. 지극히 정상이고, 건강한 모습입니다. 그럼에도 사람들은 '아이고, 왜 저렇게 속이 비었어' 하면서 속을 채워주려 하는 거죠.

이렇게 나무의 빈 속을 채워 넣는 것은 조경 분야에선 '외과수술'이라고 합니다. 이 '외과수술'을 할 때 나무의 속살을 박박 긁어냅니다. 이 과정에서 노거수가 병균에 감염돼 수세(樹勢)*가 나빠집니다. 꼼꼼하게 충전했다고 해도 문제입니다. 살아 있는 나무는 자랍니다. 외부 충격이 가해질 수도 있습니다. 이 때문에 주기적인 관리가 영원히 필요합니다. 또 문제가 생겨도 1~2년 사이 나타나지 않습니다. 10~20년에 걸쳐 서서히 불거집니다. 노거수를 병들게 하고도 그 원인을 찾을 수 없을 때가 많습니다.

나무는 동물과 달리, 여러 '구획화된 나무'들이 함께 하나의 큰 몸체를 이루고 있습니다. 가령 심재 부분이 곰팡이나 세균에 의해 썩어 들어가더라도 '구획화된 나무' 벽에 의해 안정적으로 방어를 할 수 있습니다. 미국 산림청 소속 알렉스 사이고(Alex L. Shigo) 박사는 1977년 〈나무 부패 구획화(Compartmentalization of Decay in Trees)〉라는 논문에서 코디트(CODIT)라는 개념을 제시했습니다. 나무 부패를 새롭게 보는 계기가 됐습니다. 나무는 부패(상처)를 구획화(코디트)해 스스로 치유하고 보호한다는 이 개념에 기반해 1980~1990년대 이후로 미국이나 유럽 등에선 '외과수술'이 거의 행해지지 않습니다. 심재를 '속살'로 보는 접근이 얼마나 위험하고 나무를 오히려 병들게 하는 것인지 인식하기 시작한 겁니다.

---

* 나무가 자라나는 기세나 상태. 보통 얼마나 활발하게 가지와 잎을 내는지를 보고 수세를 판단한다. 잎 빽빽하게 하늘을 가리면 수세가 좋다고 하고, 잎이 듬성듬성 비어 있거나, 때가 안 됐는데 일찍 잎을 떨구면 수세가 나쁘다고 한다. 건강하고 큰 나무 근처에 가면 압도당할 것 같은 그 나무의 힘, 즉 수세를 느낄 수 있다. 햇볕도 제대로 가리지 못하는 도시공원의 허약한 나무들과는 전혀 다르다는 걸 알 수 있다.

혹시 나무는 코디트라는 막강한 방어 장치가 있으니 막 잘라도 되는 거 아니냐고 생각할까봐 덧붙입니다. 방어막 사이에서 왕성하게 성장하고 있는 '안쪽' 속살인 형성층* 쪽은 방어 장치가 약합니다. 심재는 나무 기준으로 보면 '바깥'에 해당합니다. 무자비한 가지치기는 해선 안 되겠죠.

우리나라는 사정이 다릅니다. 10여 년 전부터 천연기념물에 대한 '외과수술'은 더 이상 이뤄지지 않고 있습니다. 다만 가로수나 공원 나무, 보호수 등에 대해선 여전히 '외과수술'이 횡행하고 있습니다. 여전히 사람들은 가까운 이웃 생명체인 나무의 생리에 대해 알아갈 생각은 하지 않고 있습니다. 그러면서도 나무를 사람인 양 '속을 채웠으면…' 하고 어긋난 관심을 투영합니다. 참고로' 외과수술'은 조경업체가 하는 일 중에서 이익이 많이 남는 일 중 하나라고 합니다.

건강한 나무를 오래 지키고 싶다면, 차라리 건드리지 않는 것이 더 나은 길일지도 모르겠습니다.

---

* 식물의 줄기나 뿌리의 물관부와 체관부 사이에 있는, 세포가 왕성하게 분열하는 조직. 안쪽으로는 물이 이동하는 물관부가, 바깥쪽으로는 양분을 나르는 체관부가 만들어진다.

2.

길에 선 나무

충북 청주 플라타너스 가로수 길.
열악한 생육 환경 탓에 특유의 터널형 가로수 길이 크게 훼손됐다.

6. 청주 플라타너스 가로수 길

≪

플라타너스는 이웃을 지키고 싶었을 뿐

충청북도 청주의 가로수 길은 높이 10미터가 넘는 플라타너스 고목 1000여 그루가 웅장하고 긴 터널을 이루는 것으로 유명하다. 이 가로수 길은 우암산·무심천과 함께 '청주 3대 랜드마크'로 꼽힌다. 영화 〈만추〉(1981)나 드라마 〈모래시계〉(1995)의 한 장면도 이곳에서 촬영됐다.

한여름 플라타너스 가지들이 쭉쭉 뻗어 맞닿고, 커다란 잎사귀들이 너른 그늘을 만들어낸다. 한낮에도 가로수 길에 들어서면 어둑어둑해질 정도였다고 한다. 전국에 가로수가 있는 길이 많지만 '가로수 길'이라고 하면 이곳을 일컫는다. 청주 시내 죽천교에서 조치원 방향으로 나가는 경부고속도로 청주 나들목까지 이르는 6킬로미터 구간이다.

주민 탄원으로 키운 나무

"터널이 다 뭡니까? 이제는 (나무들이) 온전한 구간이 별로 없습니다. 가로수 길 도로 확장 공사, 제2·제3 순환로 교차로 설치 과정에서 나무를 옮겨 심다가 수백 그루가 죽었어요. 인구가 늘고 교통량이 많아지고 도시가 개발되는 과정에서 (나무의 생육 상태는) 더욱 나빠지고 있어요."

2023년 1월 2일 오후 2시간가량 가로수 길을 함께 둘러본 뒤, 염우 사단법인 풀꿈환경재단 상임이사가 육교 위에서 가로수 길을 내려다보며 한숨을 내쉬었다. 그는 오랫동안 청주에서 환경운동을 해왔다. "오래된 나무가 있다는 건 그 나라나 도시의 품격을 말해주는 거잖아요. 그런데 관리를 못해서 고목들이 고사해도 별다른 대책을 세우지 못합니다. (예전엔) 마을마다 당산나무가 있었잖아요. 큰 나무를 베면 사람이 죽는다고 나무를 아끼던 나라인데, 가로수 길에 처음 심은 70~80살 고목이 몇 그루 남았는지 제대로 파악조차 하지 않습니다. 가로수를 생명이 아닌 시설물로 보는 거죠. 그런 낙후된 인식을 바꾸어야 하는데…."

지금의 가로수 길은 1952년 만들어졌다. 청원군 강서면(현재 청주시 흥덕구 강서1·2동) 면장이던, 지금은 작고한 홍재봉 씨와 주민들이 정부의 녹화사업 지원을 받아 황량한 비포장 길에 키 1미터가량의 어린 플라타너스 묘목 1600여 그루를 심었다. "당시 가로수 길에 소 장수들이 많이 다녔고, 소에 붙은 파리 떼를 쫓으려고 플라타너스를 꺾어 회초리로 사용하는 바람에 온전한 게 없었다. 인근 학교 학생들이 나무를 꺾어 장난을 치기도 했다. 나무를 자식처럼 아껴달라고 호소했다. 어린이들 이름을 적은 명찰을 나무마다 걸어뒀더니 플라타너스들이 제자리를 잡고 자라기 시작했다."[1]

1970년대 초 청주 진입도로를 2차로에서 4차로로 늘리는 확장 공사가 진행되면서 가로수들은 모조리 잘려나갈 위기에 처했다. 홍 씨와 주민들은 탄원을 거듭 제기했다. 다행히 벌목 대신 옮겨심기로 공사 계획이 변경됐다. 다만 이때부터 가로수 길엔 사람 대신 주로 차가 다니기 시작했다.

숲길 만들겠다더니 도로를 만든 지자체장

50여 년이 지난 지금도 여전히 이곳은 전국에서 가장 길고(6킬로미터) 가장 큰 규모(청주시 집계 약 1400그루)의 플라타너스 가로수 길이다. 가로수 길을 둘러보니, 사람 두셋이 양팔을 벌려도 손끝이 닿지 않는 정도로 둘레가 긴 거목을 곳곳에서 만날 수 있었다. 그런데 무성했던 잎이 걷힌 겨울이라, 깊고 오래된 상처들이 눈에 잘 띄었다. '청주 가로수 길' 표지석이 서 있는 죽천교 입구 쪽 첫 나무부터가 '두절*'된 나무였다. 고사한 뒤 베여 남은 밑동들, 새로 심긴 듯 불안하게 서 있는 가녀린 어린 나무들까지 보였다. 청주시 담당자는 "(나무들이) 워낙 노령이라서 고사한 게 많았고, 너무 커서 사고도 잦아 (수형을 유지하는 데) 어려움이 있다. 고사목은 건강한 나무로 대체하고 있다"라고 말했다.

팔팔했던 플라타너스들이 떼로 고사하거나 심하게 부패하는 등 이상 징후가 보이기 시작한 것은 1990년대 중반부터. 나무 생육을 고려하

---

* 머리를 쳐내듯 수간만 남기고, 그 윗부분을 포함한 모든 줄기를 잘라내는 일.

지 않은 복토 등의 도로 관리, 폭이 1~2미터에 불과할 정도로 좁은 뿌리쪽 생육 공간 등이 원인이었다. 실제 2002년 청주시 조사에서 가로수 길 플라타너스의 22.3퍼센트가 '생육 불량'이었다.

1999년 청주시는 가로수 길 확장 계획(4차로→8차로)과 함께 전체 가로수의 63퍼센트를 다시 옮겨 심겠다고 발표했다. '가로수 보전'은 지역의 최대 현안 중 하나로 떠올랐다. 6년간의 갈등 끝에 2005년 9월 청주시는 시민단체들과 합의해, 가로수 길 가운데 약 4킬로미터 구간의 기존 4차로를 숲길(녹지공원)로 조성하는 방안을 발표했다. 대신, 공원 양옆으로 3차로씩을 새로 닦아놓기로 했다. 나무도 살리고 도로도 확장하는 절충안이었다. 하지만 2006년에 청주시장이 바뀌었고, 새로 부임한 시장은 '중앙 숲길로 이동할 때 시민 안전이 우려된다'며 이미 30퍼센트 정도 진행된 공사를 중단하고 숲길 조성 계획을 백지화했다. 40여 개 시민단체가 항의, 농성, 성명 발표 등으로 반발했지만 시장의 결심을 돌려세우지는 못했다. 현재의 6차로 가로수 길 골격은 이때 만들어졌다.

당시 청주환경운동연합 사무국장이던 박창재 세종환경운동연합 사무처장은 "특별한 길이니까 나무도 함께 살리는 숲길을 만들자고 했던 것인데, 당시 청주시는 합의를 파기해 차량 흐름만 중시하는 일반적인 도로 공급 정책으로 돌아섰다. 가장자리에 보도를 만들면 (가운데 숲길 조성과) 똑같다고 막무가내였다"라고 말했다. 이성우 청주충북환경운동연합 사무처장은 "가로수를 '전깃줄에 걸리적거리는 존재'로 보는 인식이 강하던 때였다. 결과적으로 공론화가 부족했던 것이 (실패의) 원인이었다"라며 "지금은 가로수를 시민들의 생존을 위해 꼭 필요한 존재로 인식하고 기후 위기와 탄소 중립의 관점에서 바라보지만, 그때만 해도 시민사회 내부적으로도 '가로수? 이게 환경운동인가?'라는 말이 나올 때였다"라고 설명했다.

2007년 시민단체들과의 합의를 파기했을 때 청주시는 '플라타너스는 유해 분진 때문에 공원용으로는 이용하지 않는 나무'라는 내용의 자료도 냈다. '유해 분진'이란 봄철 플라타너스 잎 뒷면에 붙었던 털이 떨어져 날리는 걸 의미한다. 기침과 재채기 등을 유발한다. 하지만 봄철 호흡기 문제를 일으키는 다른 꽃가루들을 모두 유해 분진이라고 비난하진 않는다. 더구나 플라타너스는 어른 손바닥 두 개 크기의 넓은 잎으로 활발한 광합성 작용을 일으켜 다른 나무들보다 탄소 고정 능력이 뛰어나다.

이름이 '버즘'인 나무

국립산림과학원이 2004년 펴낸 〈플라타너스의 공해 물질 정화 기능〉 자료를 보면, 플라타너스는 매일 이산화탄소 3.6킬로그램을 흡수하고 산소 2.6킬로그램을 방출하는 등 대기 정화 능력이 은행나무의 5.5배, 느티나무의 3.5배에 이른다. 또 활발한 증산작용으로 도심 열섬을 누그러뜨린다. 이런 효용성 때문에 플라타너스는 전 세계 주요 대도시의 숲 조성에 널리 쓰이는 나무 중 하나다.

하지만 한국 등 일부 나라에선 자동차 위주의 도시계획으로 인해 플라타너스가 가로수로 오래 살지 못하고 사라졌다. 찻길을 넓히려면 큰 나무는 방해만 된다. 많은 지방자치단체들이 '수종 갱신' '수종 교체'라는 이름으로 거리낌 없이 나무를 아무렇게나 벌목하고 이를 정당화한다. 뭔가 잘못됐다. 찻길 폭을 좁히고 차가 천천히 가도록 유도하면 사고도 덜 나고 안전하다. 나무도 산다.

미국 뉴욕시는 5년마다 시민들과 함께 가로수를 전수조사해 '나무 지도(Tree Map)'를 제작한다. 플라타너스는 뉴욕시 전체 가로수·공원수 가운데 가장 많은 9.7퍼센트(8만 3788그루)를 차지한다. '빗물 차단' '에너지 절약' '대기 오염 물질 제거' 등 플라타너스의 환경적 가치가 연간 3130만 달러(약 399억 원)에 이를 것으로 뉴욕시는 추정한다. 가로수의 수령·크기조차 관리하지 않는 한국 도시들과는 가로수를 바라보는 관점의 차원이 다르다.

라틴어 이름인 플라타너스나 영어 이름인 플레인트리(plane-tree)는 모두 '넓다' '풍부하다'는 뜻의 그리스어 플라티스(platys)가 어원이다. 잎 모양에서 딴 이름이다. 중국 이름 현령목(懸鈴木)이나 일본 이름 영현목(鈴懸木)은 열매 모양에서 땄다. 작은 열매 500~600개가 촘촘하게 모여 구슬(방울) 모양의 집합과를 이루고, 겨울에서 봄까지 이 '구슬'이 땅에 떨어져 깨지면 낱낱의 씨앗이 바람을 타고 퍼진다. 북한식 이름도 방울나무다. 그런데 우리나라에서 부르는 이름은 애석하게도 버즘나무다. 또 다른 푸대접이다. 수피의 벗겨진 모양을 보고 피부병인 '버짐'의 강원도 방언인 '버즘'에서 이름을 따왔다고 한다. 얼룩진 수피 모양이 유사한 육박나무는 군복 무늬 같다며 '해병대 나무'라는 애칭이 붙었다. 첫 현대식 식물 분류 목록집인 《조선식물향명집》(1937) 속 플라타너스의 이름은 풀라탄나무다.

삭막한 도시에서도 플라타너스가 잘 자라는 건 베툴린 등의 상처 치유 성분이 풍부한 나무이기 때문이다. 고대 로마의 과학자 플리니우스는 《박물지》 29권에 '플라타너스의 25가지 치료법'을 적어놓았다. 나무 껍질을 식초에 달인 것은 시린 이를 치료하고, 잎을 백포도주에 끓여 마

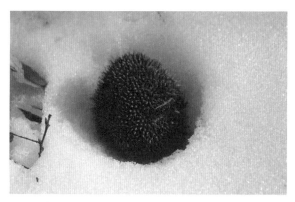

청주 가로수 길 눈 위에 떨어진 플라타너스 열매.
이 열매의 모양을 보고 중국·일본·북한 등에선 플라타너스를 '방울나무'라고 부른다.

시면 눈에 좋다는 대목 등이 나온다. '의학의 아버지' 히포크라테스는 플라타너스 아래에서 후학을 가르쳤다고 한다. 그 플라타너스의 후계목으로 여겨지는 500살 된 나무는 지금도 '히포크라테스 나무'라고 불리며 그리스 코스섬에서 자라고 있다. 전 세계 유명 의과대학에선 이 후계목의 후계목을 분양받아 귀하게 키운다.

플라타너스는 인류가 출현하기 훨씬 전인 1억 년 전에 생겨났다고 한다. 그래서 시인은 이렇게 말했던 것이 아닐까.

나는 오직 너를 지켜 네 이웃이 되고 싶을 뿐
그곳은 아름다운 별과 나의 사랑하는 창이 열린 길이다.

김현승, 〈푸라타나스〉 중[1]

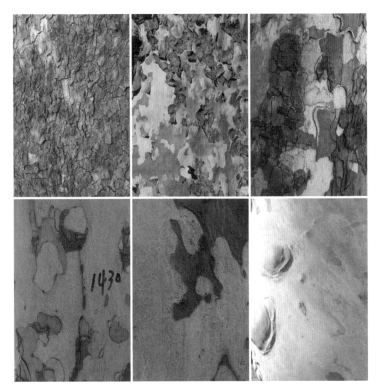

플라타너스 껍질들. 껍질이 벗겨지는 모양새를 보고 피부병인
'버짐'을 연상해 '버즘나무'라는 이름이 붙었다고 하나,
학계에선 실제와 맞지 않는 억지스러운 이름이라고 지적한다.

달콤한 그늘

도로변에 '수종 갱신' 'ㅇㅇ나무 교체' 등의 글귀가 적힌 펼침막이 종종 눈에 띕니다. 동네 근처인 서울 서대문구 증가로에서도 최근 찻길 양쪽으로 줄지어 살았던 한 아름이 훌쩍 넘는 플라타너스 거목 수십 그루가 이팝나무로 교체됐습니다. 서울 서대문구청은 "쾌적한 가로 환경 조성을 위한 증가로 가로수 정비 공사"라며 당당하게 또박또박 '교체' 이유를 밝혔습니다.

그런데 생각해보면 '고쳐서 바꾼다(갱신)' 내지 '다른 나무로 대신한다(교체)'라는 말은 현실과 무척 거리가 멉니다. '갱신'과 '교체'라는 행위에 담긴 온도가 감지되지 않는 말입니다. 실상 이에 대응하는 뜨거운 현실은 20~30년 동안 뿌리내렸던 고등 생명체를 베어내는 일입니다. 물과 양분을 뿌리에서 잎과 가지 끝까지 실어 나르던, 둘레 1미터짜리 건강한 몸뚱이가 전기톱에 유린당합니다. 톱이 돌아가고 멈추고, 돌아가고 다시 멈추고, 그러기를 수십 번 반복합니다. 톱밥이 난무합니다. 남은 밑동은 굴삭기로 찍고 또 찍어 걷어냅니다. 그 아래 사방으로 뻗었던 뿌리는 곡괭이로 일일이 찍어서 파내야 합니다. 그렇게 '갱신'의 밑 작업이 끝이 납니다. 땅속에서 방금 전까지만 해도 흙 사이사이의 물과 양분을 길어 올리던, 시뻘겋게 살아 있는 뿌리들이 파 올려져 산더미처럼 쌓입니다. 낙엽이 많다는 이유로, 바람에 날리는 꽃씨가 성가시다는 이유로, 심지어 크다는 이유로, 나무는 죽임을 당합니다. 한국에선 보통 크다는 이유로 플라타너스가 학살됩니다.

플라타너스를 이르는 한국식 이름은 양버즘나무입니다. 커가면서 겉껍질이 얼룩덜룩하게 벗겨지는데, 이 모양이 피부병 같다고 그렇게 표현한 겁니다. 서양(북아메리카)에서 온 피부병 나무라는 얘긴데, 참 고약한 이름입니다. "넌 외래종이야!" "천한 나무야!" 이렇게 혐오하는 것만 같습니다. 그냥 '버즘나무'라고 불리는 나무도 있습니다. 그런데 이 나무의 원산지는 그리스 등 지중해 동부와 흑해 쪽입니다. 우리 기준으로 보면 역시 서양에서 왔지요. 플라타너스의 본고장 사람들이 이 나무를 어떤 마음으로 대했는지를 생각하면 여러모로 반성하게 됩니다.

바로크 시대 작곡가 헨델의 오페라 〈세르세〉에서 가장 유명한 아리아인 〈옴브라 마이 푸(Ombra mai fu)〉는 플라타너스를 노래한 곡입니다.

> 내가 사랑하는 플라타너스의 부드럽고 아름다운 잎사귀여, 운명이 당신을 미소 짓게 하소서. 천둥과 번개와 폭풍이 결코 당신의 소중한 평화를 깨뜨리지 않기를 바랍니다. 불어오는 바람으로 인해 당신이 더럽혀지지 않기를 바랍니다. 당신의 그늘은 그 어떤 그늘보다 소중하고, 사랑스럽고, 달콤합니다.

미국 북동부 코네티컷에는 '핀초트 플라타너스'라는 이름의 노거수가 있습니다. 이 노거수가 있는 공원의 이름도 핀초트 플라타너스 공원(Pinchot Sycamore Park)입니다. 300살 이상으로 추정되는, 코네티컷에서 가장 큰 플라타너스입니다. 높이 30미터에 가슴높이 둘레는 8.5미터(2016년 측정)에 달하는 유명한 나무라고 합니다. 핀초트라는 이름은 미국 초대 산림청장이자 환경보호론자인 기포트 핀초트(Gifford Pinchot)의 이름에서 따왔습니다.

핀초트 플라타너스에 대한 안내문에는 이런 문구가 적혀 있습니다.

플라타너스 나무는 생태계에서 중요한 역할을 합니다. 큰 수관은 다양한 새들에게 살 곳을 주고, 뿌리 시스템은 강둑을 따라 토양 침식을 막습니다. 또 전반적인 생물다양성에 기여해 다양한 동식물들이 살아가도록 돕습니다. (…) 이 거대한 나무 근처에서 시간을 보내는 것은 평화롭고 영감을 주는 경험이 될 수 있습니다. 자연의 장엄함을 가까이서 보고, 미래 세대를 위해 자연의 경이로움을 보존하는 것의 중요성에 대해 생각할 수 있는 기회입니다.

플라타너스는 귀하고 오래 삽니다. 우리나라에도 플라타너스에 이름을 따서 붙여줄 만한 산림청장, 정치인이 나왔으면 좋겠습니다. 플라타너스를 온몸으로 보듬고 지켜주는 사람들이 많아지면 좋겠습니다.

윗부분이 사라진 서울 보라매공원 포플러나무.

7. 서울 보라매공원 포플러 길

⌃

그 많던 포플러나무는 어디로 갔나

포플러나무는 한눈팔지 않고 맹렬하게 가지들을 곤두세운다. 가늘고 긴 잎자루까지 하늘에 닿을 듯 쭉쭉 내뻗는다. 바람이 분다. 가지마다 틔운 역삼각형 잎들이 이리저리 부딪혀 스르륵스르륵. 시원함은 배가 된다.

열 그루가 여섯 그루로, 그리고 마지막 남은 네 그루

"모양이 좀 이상하죠? 원래는 키가 33미터 정도 됐어요. 올 1월에 공원 관리소에서 윗부분을 25퍼센트가량 잘라냈어요. 태풍이 불면 넘어질지 모른다고 미리 대비한다고요. 내키지 않았지만 어쩌겠어요." '보초맘' 대표 김미라 씨가 한 말이다.

보초맘은 주민 20여 명이 함께 하는 모임이다. 2015년 '자녀들이 보라매초등학교에 다니는 엄마들의 모임'으로 시작했다. 아이들을 학교에 보낸 뒤 함께 공원을 산책하며 시작된 모임이 공원 내 동식물의 생태를 촬영하고 기록하는 모임으로, 또 '공원 관리'를 감시하는 모임으로 업그레이드됐다.

모양뿐 아니라 네 그루만 이가 빠진 듯 엉성하게 서 있는 모습도 어색했다. 확인해보니 2017년 초까지만 해도 열 그루가 길 따라 줄지어 서 있었다. 그러다 2017년 2월 보라매공원 옆에서 신림선 경전철 공사가 시작됐다. 일부 나무가 기우는 등 생육 상태가 나빠졌다. 공원 관리소는 이때부터 여섯 그루를 베어냈다. 맨눈 조사에 의지해 '사형선고'가 내려

서울 동작구 보라매공원에서 희귀한 나무가 돼버린 포플러.

졌고, 항소도 없이 집행됐다. 김미라 대표가 설명했다.

"멀쩡한 나무들이 공사가 시작되고부터 건강이 악화한 건데, 공원 쪽은 '신림선(공사)과는 관계가 없다' '포플러는 원래 수명이 짧아 죽을 때가 다 돼서 죽어갔다'고만 하더라고요. 2021년 5월 저희가 관심을 가지기 시작했을 때 이미 네 그루는 잘려나갔어요. 나머지라도 살려야겠다는 생각에 생육 상태를 확인해달라고 공식 민원을 냈어요. 그런데 민원 제출 이틀 뒤 두 그루를 잘라버리더라고요. 일방적이었죠. 항의했어요. 그런데 위험목이라 시급하게 해야 할 일이었다고 하더라고요. 그러면서도 이 포플러가 언제 심겨서 지금 몇 살이며, 뭐가 어떻게 위험한지는 설명을 못 하더라고요."

자칫 남은 네 그루까지 이유도 모른 채 잘려나갈 상황이었다. 보초맘 회원들은 급하게 성금을 모아 아보리스트*에게 생육 상태 점검을 의뢰했다. 모두 건강한 상태였다. 이렇게 되자 공원 쪽도 함부로 포플러에 손을 대지 못했다. 하지만 2022년 6월 수목 진단 전문 업체가 '네 그루 중 한 그루에 큰 동공(빈 곳)이 생겼다'는 결과를 내놓자 공원 쪽은 포플러 네 그루의 윗부분 4분의 1 정도를 댕강 잘랐다.

---

* 나무가 건강하게 자랄 수 있도록 돕는 나무 전문가. 우리나라에도 나무의사 등 나무 전문가 집단이 있지만, 여기서 '아보리스트'는 국제아보리스트그룹(ISA, International Society of Arboriculture)의 인증을 받은 나무 전문가를 지칭한다. 우리나라에선 무자비한 가지치기가 일종의 관행이지만, 국제아보리스트그룹은 과도한 가지치기를 잘못된 방식으로 규정한다. 가지치기를 통해 줄기의 25퍼센트 이상을 제거하면 나무의 에너지 생산 능력을 심각하게 훼손해 굶주리게 할 수 있으며, 직사광선을 막아주던 잎이 제거돼 수피가 화상을 입을 수 있다고 설명한다. 또 강한 가지치기로 인해 생긴 큰 가지 절단면 상처는 아물기 어렵다고 한다.

강전정이 안전하다는 그릇된 믿음

이런 강전정(강한 가지치기, Topping)[*]이 안전하다는 믿음은 '과학'보다
는 '미신'에 가깝다. 나무 꼭대기 부분을 잘라내는 건 최악의 결정이다.
국제아보리스트그룹에선 나무 꼭대기 부분은 치유가 잘 안되기 때문에
손대지 말라고 한다. 이곳을 잘라내면 곰팡이와 세균이 침입하기 쉬워
나무가 병들고 더 약해진다. 또 나무 꼭대기 부분을 복구하려 잠아(潛芽,
숨은눈)^{**}를 틔우면서 에너지를 너무 많이 쓰게 된다는 점도 문제다. 잠
아에서 자란 가지(도장지)는 접합면이 약해 잘 부러지기 때문에 지나가
는 사람에게도 위험하다. 동공이 생겼다고 다 위험목이 되는 것도 아니
다. 수피 쪽에 있는 살아 있는 조직이 충분히 버텨줄 수 있다. 수백 살 된
나무 중에 동공이 없는 나무는 없다.

　포플러는 어떤 한 종이 아닌 포플러속(populus)을 지칭한다. 우리나

---

[*]　잔가지 위주로 정리하는 약한 가지치기(약전정)와 달리, 강한 가지치기(강전정)는
　　굵은 줄기를 잘라내는 일이다. 전기톱으로 손쉽게 굵은 줄기 하나만 잘라도 나무
　　외형이 크게 줄어든다. 조경업체 입장에선 적은 비용으로 빨리 일을 끝내는 방법
　　이 바로 강한 가지치기다.

^{**}　가지나 잎이 되고 꽃이 되는 어린 싹을 눈(芽)이라고 한다. 보통 가지 끝에 '눈'이
　　있다. 하지만 줄기에도 나무껍질 밑에 눈이 숨어 있다. 이 눈을 잠아(潛芽)라고 한
　　다. 나무가 강풍에 부러졌을 때나, 강한 가지치기로 훼손됐을 때 등 비상한 상황이
　　되면 잠아가 활동을 시작한다. 강한 가지치기로 훼손된 도시의 가로수들이 사방으
　　로 가는 줄기들을 내는 걸 어렵지 않게 볼 수 있다. 바로 잠아에서 틔운 도장지들
　　이다. 잠아를 틔운다는 건 나무에게 결코 좋은 일이 아니다. 만일의 상황에 대비해
　　저장해뒀던 막대한 에너지를 한꺼번에 써야 하고, 그렇게 되면 향후 주변 환경 변
　　화에 제대로 적응할 수 없다.

라에선 주로 북미에서 온 미루나무*와 유럽에서 건너온 '양버들'을 가리
킨다. 보라매공원 포플러는 양버들이다. 평균수명은 70~100년 정도로
사람과 비슷하다. 공원 관리소는 공군사관학교 시절에 심었다는 점으로
미루어 '보라매 포플러' 네 그루가 50살 정도일 것으로 추정한다.

하지만 생육 조건에 따라 포플러는 수백 년을 살기도 한다. 미국 뉴욕
주 동남부에 있는 뉴버그의 '밤빌 나무(Balmville Tree)'가 그 증거다. 중
심부 조직 검사로 1699년부터 그 자리를 지켰다는 사실이 드러났다. 키
33.5미터, 가슴높이 둘레 7.6미터이던 밤빌 나무도 '보라매 포플러'처럼
위험목으로 지정되어 베일 위기에 처했었다. 주민들이 강하게 반발했
다. 2000년 뉴욕주는 밤빌 나무 주변 지역을 '주립공원'과 '국가사적지'
로 지정해 특별 관리를 했다. 밤빌 나무 주립공원은 가장 작은 주립공원
으로도 유명하다.

"역사적인 큰 나무들은 가장 오래된 구조물이다. 빠르게 변화하는 세
상에서 우리 공동체의 중심이 된다." 316년, 천수를 누린 뒤 2015년 8월
5일 수명을 다한 밤빌 나무 앞에서 열린 송별식에서 뉴욕주 관계자가
읊은 추도사의 한 구절이다.

포플러는 사람에게 사랑받는 나무다. 이름도 라틴어 '민중(Populus)'
에서 왔다. 가지를 옆으로 잘 뻗지 않아 햇볕을 가리지 않음으로써 다른
나무들과 더불어 사는 것도 이 나무의 특징이다. 어떤 나무보다 애벌레
도 많이 키워낸다. 나비와 나방의 애벌레가 포플러에 기대 살면서 작은
생태계가 형성된다. 애벌레가 갉아 먹으면서 잎이 으깨진다. 그때 특유

---

* 　미국 버드나무라는 뜻의 '미류(美柳)나무'에서 변형된 말이다.

보라매공원 포플러의 잎. 잎자루가 길어서 바람이 조금만 불어도 스르르 스르르 떨며 소리를 낸다. "사시나무 떨 듯 한다"는 말의 그 사시나무와 가까운 친척이다.

한 향을 발산하고, 그러면 더 많은 애벌레와 곤충이 모여든다. 이런 애벌레를 새들이 먹으러 찾는다. 나무가 하늘 높이 솟아 있으면 새는 안정감을 느끼고 둥지도 많이 짓는다. 살펴보니 이날도 포플러 주변에서 까치 소리가 들렸다. 흰색 나비도 참 많았다. 나풀나풀 풀밭을 노닐었다.

일부러 베고, 다시 심지 않으며 기피 수종으로

포플러는 19세기 말 서양 선교사들이 우리나라에 도입한 뒤로 폭넓게 심겼다. 1980~1990년대까지만 해도 새로 닦은 큰길가에 포플러가 흔하게 서 있어 황량감을 씻어줬다. "언제나 말이 없던 너는 키 작은 나를 보며"(이예린, 〈포플러나무 아래〉) 하는 콧노래가 절로 나왔다. 그러다 서서히 사라졌다. 40만 제곱미터의 서울 서남권 최대 규모 공원인 보라매공원에도 포플러는 이 네 그루가 전부다.

한때 포플러·버드나무 등 가로수의 꽃가루가 천식·콧물·감기·안질·피부염 등 각종 꽃가루 공해병을 일으켜 병원을 찾는 환자 수가 부쩍 늘었다[1]는 소문이 퍼졌었다. 결국 거짓으로 판명난 소문이었지만, 당시에는 논란이 거셌다. 그때 포플러가 범인으로 지목됐다. 꽃 위에 하얀 솜털 같은 게 몰려 있어 용의선상에 올랐다. 하지만 하얀 솜털로 싸인 부분은 꽃가루가 아닌 씨앗이다. 알레르기와 아무 상관 없었다. 그랬더니 이제는 '외래종 말고 자생종 중심으로 바꾸자'는 얘기까지 통용됐다. 그래서 아무 제지 없이 잘라냈다. 길을 넓힌다고, 개발 공사를 한다고 베어냈다. '기피 수종'이란 말은 그렇게 탄생했다.

보라매공원 관리소는 2023년 1월 또 다른 '외래종' 플라타너스 수십 그루에 대해서도 모조리 강전정을 실시했다. 6월 5일 김미라 대표와 함께 공원을 둘러보니 특유의 널따란 잎이 무성하게 우거져야 할 플라타너스들이 젓가락처럼 서 있었다. 그늘 한 조각 찾기가 어려웠다. 공원 관리소 담당자는 플라타너스가 너무 빽빽하게 심겨 있어 생육 여건을 좋게 하기 위한 것이라고 말했다. 그러면서 요즘은 너무 크게 자라는 포

서울 보라매공원의 플라타너스. 반복적인 강전정으로 본래 수형을 잃고
한여름에도 그늘 한 점 제대로 드리우지 못하는 기형적인 모습으로 자라고 있다.

플러나 플라타너스 같은 수종은 잘 안 심는다고 덧붙였다.

잔가지가 많을 때 적절히 잘라주면 환기나 생육 여건 개선에 도움이
될 수 있지만, 아무리 플라타너스가 가지치기를 잘 버티는 수종이라 해
도 강전정까지는 버틸 수 없다. 오히려 외국에선 여전히 포플러와 플라
타너스를 많이 심는다. 빨리 자란다는 건 녹음이 빨리 생긴다는 의미다.
나무의 생명 활동이 활발해 공해를 빠르게 저감시켜준다는 의미다. 기
후 위기 시대에 이렇게 고마운 나무가 또 있을까.

서울시의 한 공원 담당자가 속내를 털어놓았다. "나무가 쓰러져서 인
명 사고가 나는 경우 부담이 너무 큽니다. 따로 매뉴얼이나 계량화된 규
정이 있는 건 아니에요. 그래서 담당자들은 '나무가 너무 크면 키를 줄

여야 한다' '일정 수준 이상 커지면 안 된다'고 생각해요. 주기적인 강전
정과 벌목이 룰이 돼버리죠."

22미터 튤립나무를 지켜라

보초맘 회원 김 씨는 보라매공원 옆 아파트에서 7년간 살다가 2022년
10월 제주도로 이주했다. "전기톱 모터 소리를 듣는 게 너무 힘들었어
요. 제가 본 잘려나간 나무만 해도 100여 그루가 넘어요. 멀쩡한 나무
를 왜 자르냐고 항의하면, '위험해서 그런다'고 해요. 큰 나무에 있던 까
치 둥지가 떨어져서 새끼들이 죽기도 했어요. 나무가 우거진 게 좋아서
거기에 살았던 건데…. 항의하면 '(주민들이) 잘 몰라서 그런다'고 하고….
아름다움을 없애는 일만 하더라고요. 다른 이유도 있지만, 공원 관리도
제가 떠난 이유 중 하나예요." 보초맘 회원 이 씨도 "나무는 그냥 쉽게
베도 된다고 생각하는 거 같아요. 세월을 생각하면 함부로 할 수 없는데
도…"라고 말했다.

　김 대표는 "어떨 때는 (공원 관리소에) 예산이 없는 게 낫겠더라고요.
예산이 있으니까 나무를 자꾸 베고 자르고, 개구리가 서식하는 공원 연
못의 풀도 마구 베고…. 지금도 예초기 소리 들리시잖아요. '윙' 소리만
들으면 가슴이 철렁 내려앉아요"라고 말했다. "나무를 아끼는 사람들도
속으로만 아끼지 말고, 왜 그 사람들 목소리만 크냐, 우리 목소리도 내
자, 가지치기하지 말자, 지켜보겠다고 적극적으로 민원을 넣어야 할 것
같아요."

요즘 보초맘은 보라매공원 동북쪽에 2025년 생길 예정인 보라매병원 호흡기센터 건립으로 베일 나무들에 집중하고 있다. 김 대표의 노트에는 이 공간에 있는 아름드리나무의 수종·키·둘레 등의 기록과 그간 서울시 공무원과 주고받은 민원 내용이 적혀 있었다. 이 중에는 가슴높이 둘레가 4미터에 이르고 높이도 22미터가 넘는 튤립나무 두 그루도 있다. 그가 직접 줄자로 측정한 데이터다.

　임학자 임경빈은 포플러나무에 대해 이렇게 썼다.

　"포플러는 깨끗한 시인이다. 푸른 하늘에 시를 쓴다. (…) 솔솔 부는 바람에 시를 새겼다. 바람은 그들의 화려한 시집이다. (…) 포플러는 높고 맑은 품위로 산다. 그래서 모든 사람이 이 나무를 좋아한다. (…) 이제 포플러는 우리 나무가 됐다. 그 나무를 바라보면서 우리는 살아오고 있고, 또 살아갈 것이다."[2]

위험 수목이라는 위험

행정가들과 전문가 집단이 나무에 대해 만들어낸 못된 말들이 많습니다. 위험 수목, 도복(倒伏) 우려*, 티알(TR)률 등등이 대표적입니다. 위험하다고, 쓰러질 것 같다고 판단하는 근거는 뭘까요. 사실은 '담당 공무원의 눈대중'입니다. 환경 단체에서 멀쩡한데 왜 위험하다고 하느냐고 지적하면, 담당 공무원들은 쓰러져서 사람이라도 다치면 누가 책임지느냐고 되레 큰소리를 칩니다. 위험을 가정해서 최대 사형까지 자유롭게 집행하는 것, 나무 입장에선 누명을 쓰고 생목숨을 잃는 것이지요.

위험 수목 제거에 협조해야 한다는 건 어떤 면에선 뿌리 깊은 이데올로기에 가깝습니다. 경기 고양시 서삼릉의 진입로에 드라마 〈모래시계〉의 한 장면으로도 등장했던 은사시나무와 미루나무 가로수 길이 있었습니다. 2020년 12월 이 명소의 고목나무 수십 그루가 무단으로 베였습니다. 이 일을 벌인 조경업자는 주변 마사회와 서삼릉 관리사무소에 "위험 수목이라 제거하는 것"이라고 밝혔습니다. 그러자 아무런 제지도 받지 않았습니다. 물론 거짓말이었습니다. 위험 수목도 아니었습니다. 이 가로수 길의 관리 주체인 구청 몰래 벌인 일이었습니다. 이게 '위험 수목'이라는 죄목이 발휘하는 힘입니다.

이 업자는 뭘 하려고 이 오래된 명소를 황폐화시켰을까요? 톱밥으로 만들어 팔아먹으려는 의도였습니다. 우리나라에서 베인 '보통 나무들'의 운명과 다르지 않습니다. 집이 되고, 가구나 악기가 되는 건 정말 어려운 일입니다. 산림청

---

* '나무가 쓰러질까 염려된다'는 뜻. 조경 쪽 공무원이나 업체 관계자들이 벌목을 하기 위한 근거로 자주 제시한다.

이 발표한 2023년 기준 '목재 이용 실태 조사'를 보면 우리나라에서 한 해 벌목된 나무(319만 5790제곱미터)의 79.9퍼센트(255만 2692제곱미터)가 그 형태 그대로 쓰이지 못합니다. 섬유판, 목재 칩, 목재 펠릿, 톱밥 및 목분 등으로 갈려서 쓰이거나, 장작용으로 이용됩니다. 참, 이 조경업자는 가볍게 벌금형을 선고받았습니다. 죽은 나무는 돌아오지 못합니다. 사람들이 즐겼던 풍치는 사라졌습니다.

위험 수목 얘기를 좀 더 해보겠습니다. 2022년부터는 산림청은 시민사회로부터 '마구잡이 벌목'이라는 비판을 받자 가이드라인을 만들었습니다. 그동안 눈대중으로 하던 위험 수목 판단을 나무 속 동공의 크기를 측정해 '과학적'으로 하겠다고 발표합니다. 그런데 정말 동공이 있으면 위험할까요?

나무는 살아 있는 부위인 '물관·체관'과 죽어 있는 부분인 중심 쪽 '심재'로 나뉩니다. 이 심재는 나무가 나이가 들면 자연스럽게 썩어 동공이 됩니다. 그럼에도 지형지물에 맞게 스스로 균형을 찾아가며 수백 년씩 살아갑니다. 삼척 도계리 긴잎느티나무(천연기념물 제95호)를 보면 가슴높이 둘레 9.1미터에 달하는 수간 속이 겉껍질만 남은 듯 서 있는 모습을 볼 수 있습니다. 그럼에도 이 노거수는 웅장하게 서 있고 건강하게 무수히 많은 잎사귀를 매년 피워냅니다. 산림청의 동공 측정법에 따르면 도계리 긴잎느티나무는 베여야 할까요? 살아남을 수 있을까요?

공무원들과 전문가들은 티알률이라는 말도 자주 사용합니다. 뭔가 과학적인 느낌이지만, 전혀 그렇지 않습니다. 톱(TOP, 지상에 나온 나무의 크기)과 루트(ROOT, 땅속뿌리의 크기)의 비율이라는 뜻입니다. 그런데 여기에는 땅속뿌리의 크기는 확인할 수 없다는 치명적인 사실이 감춰져 있습니다. 땅속뿌리의 크기는 측정하지도 않고, 이를 측정할 기술도 없습니다. 티알률이 높다는 얘기는 단순히 '(담당 공무원이 보기에) 나무가 크다'는 말과 같습니다. 그렇게 나무들은 영문도 모른 채 죽임을 당합니다.

"그리고 나무는 행복했다(And the tree was happy)." 미국 작가 셸 실버스타인(1933~1999)이 1964년에 출간한 그 유명한 그림책 《아낌없이 주는 나무(The Giving Tree)》의 마지막 문장입니다. 소년의 어린 시절에는 가지에 그네를 매달아 타고 놀게 해주고, 청년이 된 소년에게는 굵은 가지를 잘라 집을 짓게 해주고, 중년이 된 그에게는 몸통까지 내어 배를 만들게 해줬던 나무가, 노인이 돼 돌아온 소년에게 그루터기를 내어주며 행복해한다는 내용입니다.

나무에 대한 '못된 말과 행동'의 기저에는 '아낌없이 주는 나무'라는 신화가 도사리고 있습니다. 나무는 이용할 대상이고, 그것이 나무의 존재 이유라는 생각이지요. 정말 나무는 인간에게 이용되기 위해 존재하는 걸까요?

인간이 나무에 큰 도움을 받는 건 사실입니다. 나무는 녹음과 증산작용으로 미기후(微氣候)*를 조성합니다. 미세먼지를 흡착하고 산소를 공급합니다. 나무의 뿌리 네트워크가 흙을 단단히 움켜쥐어 홍수를 막습니다. 큰 숲들은 증산작용을 하면서 저기압을 형성하고, 대륙 깊숙한 곳까지 비구름을 끌어들입니다.

이제라도 신화에서 깨어나 나무와 새롭게 관계를 맺어야 할 때 아닐까요? 다행히 나무는 여전히 가까이 살아 숨 쉽니다. 우리가 집 밖을 나서면 가장 먼저 만나는 생명입니다. 다가가서 그 이름을 불러보고, 껍질 모양이나 줄기나 가지가 뻗은 모양을 관찰해보면 어떨까요. 잎맥의 방향을 자세히 살펴보는 것도 좋습니다.

---

* 주변 지역과 조건이 확연히 다른 국지적인 기후. 숲을 비롯해 언덕이나 계곡, 바닷가, 강변의 기후는 주변과 다르다. 도시나 도로 같은 인공 구조물에 의해 미기후가 발생하기도 한다. 울창한 숲은 시원하고 습하다. 나무들이 증산활동을 해 대기 온도를 낮춰주기 때문이다. 계곡은 바람의 흐름이 바뀌줘서 시원하다. 도시는 뜨겁다. 건물과 도로 등 뙤약볕을 담아두는 것들이 대부분이기 때문이다.

제주 오라동 구실잣밤나무 가로수 길.

8. 제주 구실잣밤나무 길

⌒

관광객에 밀려 뿌리 뽑힐 위기에 처한 제주의 상징

제주공항 남쪽으로 6킬로미터 떨어진 제주시 오라동 월정사 앞길을 걸었다. '두둑', 작은 알갱이가 머리와 어깨에 가볍게 떨어졌다. 0.8그램가량에 1.5센티미터 남짓한 모양새로만 보면 작은 도토리 같지만, 힘들여 묵을 쑤는 대신 생것을 바로 먹는다. 밤과 같다. 가시투성이 껍질도 없어 수고를 던다. '(구실)잣밤', 제주말로는 '조밤(저밤·제배)'이다. 우리나라 참나무 일가 중 생으로 먹을 수 있는 건 밤과 구실잣밤 둘뿐이다. 우리말 '밤'의 어원은 '밥'이다. 길거리에 '밥'이 주렁주렁 달린 셈이다. 축복받은 섬이다. 줄기와 가지에 이끼와 일엽초 같은 양치식물이 함께 살아가는 모습도 즐겁다.

위험에 처한 '걷고 싶은 아름다운 가로수 길'

구실잣밤나무는 구슬(구실) 같은 자잘한(잣) 밤이 열리는 나무라는 뜻이다. 라틴어 이름도 카스타놉시스(Castanopsis)로, '밤(Castana)을 닮았다(-opsis)'는 뜻이다. 겨울에도 푸른 잎을 자랑하는 게 특징이다. 성격 급한 일부 느티나무가 노랗게 붉게 물든 이날도 구실잣밤나무는 한여름처럼 짙푸른 잎이 무성했다. 구실잣밤나무를 비롯해 후박나무·녹나무·먼나무·담팔수 같은 '늘푸른 넓은잎 키큰나무(상록활엽교목)'가 이룬 숲이 이따금 내리는 눈에도 푸르디푸른 것은, 제주도와 한반도 남부 해안 지역 등의 난대성 기후에서만 볼 수 있는 이국적이고 소중한 풍경이다. 단풍과 낙엽 그리고 나목*으로 가을과 겨울을 떠올리는 서울 등 중부 지방 사람들에게는 영 생소한 풍경이다.

몇 알 주워 먹어봤다. 잘 익은 건 까만 껍데기가 살짝 벌어져 있어 하얀 속살이 보였다. 엄지손톱으로 약간 더 벌렸더니 알맹이가 쏙 빠진다. 고소하고 달콤했다. 제주 사람들은 잣밤을 가을에 모았다. 겨울과 이듬해 봄까지 식구들과 함께 생으로 먹고, 밥 지을 때 넣어 먹고, 구워 먹었다. 고마운 양식이다.

월정사 앞에서 시작해 북쪽으로 330미터 정도 이어진 2차선 찻길 양옆엔 60살 된 거목 구실잣밤나무 75그루가 숲 터널을 이루고 있다. 가슴높이 둘레 1~2.5미터에, 키 10~15미터였다.[1] 잎과 가지를 사방으로

---

* 겨우내 성장을 멈추고 겨울잠을 자는 나무. 잎을 모두 떨궈 가지만 앙상하게 남은 모습이다.

10~15미터가량 넓게 뻗어 만들어낸 터널(찻길) 안으로 들어가면 사위가 어둑어둑한 가운데 하늘이 보일락 말락 하는 것이 장관이었다. 2020년 제주시가 이곳을 '걷고 싶은 아름다운 가로수 길'로 선정한 이유다.

그런데 이 길이 위태롭다. 제주도청은 2022년 10월에 2023년 착공을 목표로 이 길을 4차선으로 확장한다는 계획을 발표했다. '차량 통행 증가'가 그 이유였다. 시민사회는 반발했다. 이에 도청 도시계획과에서 '전반적으로 검토 중'이라고 발표하며 다소 누그러지긴 했지만, 긴장은 계속됐다. 똑같은 이유로 '전국에서 가장 아름다운 도로'로 선정된 비자림로 삼나무 2000여 그루 벌목 계획도, 제주도청은 환경부 제동이 풀리자 2022년 12월 재개했던 터다. '나무와 숲을 보전하는 일을 차량 통행

제주 서귀포시 상효동 선덕사 주변 구실잣밤나무에 잣밤이 가득 열렸다.

의 걸림돌로만 인식한다'는 지적이 나온다.

1970년대 심어 수십 년을 키운 나무들이다. 저절로 아름다운 숲길을 만들어줬다. 베어내려 했지만 시민들이 반발하니 제주도와 제주시 쪽에선 '옮긴다'고 약속한다. 하지만 이날 확인한 앞서 옮겨진 2017년 제주여자고등학교 구실잣밤나무들이나 2022년 서광로 담팔수들의 모습은 처참한 수준이었다. 제대로 잎과 가지를 낸 나무가 없었다. 상당수는 죽어가거나 이미 고사했다. 사실 수십 살 된 큰 나무는 그냥 옮길 수 없다. 옮기기 편하게 하기 위해 뿌리와 가지를 대부분 잘라낸다. 사실 '옮긴다'는 말과 가장 가까운 현실은 '시민들 눈에 잘 띄지 않는 곳에 갖다 버린다'는 의미다. 제주도는 이미 토지 매입까지 끝냈다. 이런 숲길은 사람들이 이용하도록 오히려 포장을 뜯어내고 완전 보행 길로 바꾸면 어떨까.

도보보다 도로가 먼저인 제주

화려한 터널 숲이었지만 가까이 다가가서 보니 달랐다. 제주도만의 문제는 아니지만, 메마른 아스팔트 길 위에서 물을 찾아 발버둥 치며 내뻗은 나무뿌리에 보도블록이 들려 있었다. 썩은 부위도 쉽게 눈에 띄었다. 찻길 쪽으로 뻗은 뿌리가 모두 뭉텅 베어지고, 보행 길 쪽으로 뻗은 굵은 가지는 전깃줄에 닿을까 마구 잘라낸 탓이다. '차가 먼저다'가 제주도청 기조일까. 이 아름다운 터널이 찻길 위만 덮어주었다. 보행 길은 대부분 볕에 휑뎅그렁히 나와 있었다.

현장에 동행한 홍영철 제주참여환경연대 대표는 "제주도 행정은 관광객, 특히 차를 타고 다니는 관광객의 관점으로 돌아간다는 게 다른 지역과 달라요. 가로수 행정도 그래요"라고 꼬집었다. "예를 들어 4차로인 일주도로엔 가로수가 없어요. 관광객이 차창으로 경치 구경을 한다는 이유예요. 걷는 사람, 자전거를 타는 사람은 생각하지 않아요. 기후 위기 시대에 거주자를 위해 가로수로 녹음을 만들고 도시 열섬 현상을 완화하고 탄소를 흡수하고 이런 걸 생각하지 않아요. 관광객에게 이국적으로 보여야 한다는 것만 생각하죠. 그래서 기후에 맞지 않는 워싱턴야자수 같은 걸 심는데, '기능'보다는 '관광객에게 어떻게 보이느냐'가 중요하죠." 그는 이어서 말했다. "악순환이에요. 제주도는 개발이 가장 활발한 곳이에요. 차가 막힌다고 길을 넓히면 그 길을 따라 개발이 되고 금세 교통이 늘어나서 다시 차가 막힙니다. 결국 자연은 훼손되고, 부동산 개발업자들만 잇속을 챙기고, 시민들은 힘듭니다. 대중교통을 늘려야 하는데, 이용객이 많은 곳에만 버스가 집중되는 문제도 버스 회사 눈치를 보느라 풀지 못하고 있어요. 손쉬운 도로 확장에만 치중하죠. 가로수는 환경문제일 뿐 아니라 행정·자치 문제고 민주주의 문제더라고요."

제주참여환경연대 자료를 보면, 서울 사람들이 기대하는 그 '제주'는 이미 오래전에 사라졌음을 알 수 있다. 제주도는 전국 시도 중 가구당 차량 보유 대수가 1.309대로 가장 많고, 가로수 식재율은 전국 최하위(0.7퍼센트)다. 그 결과, 대중교통 이용 횟수는 꼴찌(전남)에서 둘째(1주 7.83회)고, 제주도민의 비만율은 전국 1위다(2022년 기준). 반면 제주 시내 노형동의 30평대 아파트 가격은 10억 원을 훌쩍 넘긴 지 오래다. 서울 뺨치는 수준이다. '제주답다'는 건 뭘까.

가난한 섬의 선택, 구실잣밤나무

월정사 안에는 이 가로수 길과 같은 시기에 심은 구실잣밤나무가 있다. 가지가 우산처럼 고루 뻗어 수형이 아름답고 풍성했다. 그래서 일본에선 '브로콜리 모양'이라고 한다. 잎의 위아래 부분이 대비됐다. 위쪽은 짙은 녹색으로 얇게 왁스 층이 발달했다. 미세한 털이 모여 자라는 아래쪽은 옅은 갈색이다. 이날 아침 햇살에 비치니 '금빛'이라고 홍 대표와 일행들은 의견을 모았다. 이런 강인한 겉모습은 여름철 뙤약볕과 가문 겨울에 수분을 잘 뺏기지 않도록 제주도 기후에서 오랫동안 진화한 결과다.

결과적으로 제주도만의 풍치를 제공하지만, 1970년 초 공항 주변 등 제주 시내에 가로수 식재가 시작될 때 구실잣밤나무가 선발된 이유는, 당시만 해도 가난했던 섬의 현실 때문이었다. 김찬수 전 산림청 난대아열대산림연구소장은 당시는 가로수 용도로 양묘된 묘목을 구하기 어려운 상황이었다고 설명하며, 공급업자들이 가까이에서 쉽게 캐와서 납품한 것을 일단 썼다고 설명했다.

구실잣밤나무의 주 무대는 한라산 중산간(해발고도 200~800미터)과 곶자왈이다. 이곳을 비롯해 사람 손이 잘 닿지 않는 가거도, 홍도의 먼 섬에서 구실잣밤나무는 안정된 숲의 형태인 '극상림'을 이룬다. 비슷한 기후대의 일본 천연림에서도 구실잣밤나무는 30퍼센트 이상 우점을 보인다고 한다. 한라산 중산간 서귀포시 상효동 선덕사 부근 숲도 대표적인 구실잣밤나무 군락지다. 효돈천을 따라 형성된 계곡 길은 한낮에도 어둑어둑했다. 햇빛을 덜 받아도 잘 자라는 음수(陰樹)인 구실잣밤나무와 후박나무 등이 가지와 잎을 뻗어 하늘을 완전히 덮었다. 소나무 등 어려서부터 볕이 있어야 자라는 양수(陽樹)는 이런 숲에서 버텨낼 수 없다. 난대림의 특징인데, 월정사 앞 가로수 길이 터널이 된 것도 같은 원리다.

2023년 10월 10일 오후 선덕사에 올랐다. 일주문부터 본당인 대적광전까지 굽이굽이 자연 지형을 살린 사찰이었다. 심장부인 대적광전 왼쪽엔 200살 이상으로 추정되는 구실잣밤나무 거목이 서 있다. 아무런 안내판이 없어도 특별하다는 건 나무 아래에 서보면 느낄 수 있다. 밑동에서 1미터가량 높이에서 여섯 갈래로 뻗어나간 줄기가 20여 미터 꼭대기에 다다라 수천 개의 가지로 갈라져 둥그렇게 큰 지붕을 드리우고 있었다. 1982년 개원 때부터 있었던 이 나무를 염두에 두고 건물들이 배치됐다고 한다.

일본에는 1000살 고목도 있는데 제주에는 100살 나무도 적은 이유

선덕사 신도회와 앞서 이곳을 답사한 박상진 경북대학교 임학과 명예교수의 이야기를 들어보면 '선돌(큰 바위들이 서 있는 지역)'이라 불리는 이곳에는 수백 년 전부터 스님들이 수행하던 곳(도량)이 있었다. 1980년대 초 큰불이 나서 모든 건물이 불타 사라졌지만, 구실잣밤나무에는 불길이 전혀 닿지 않아 신령스럽게 생각했다고 한다. 수분을 많이 머금어 원래 불에 강한 성질인 것도 한몫했을 것이다. 여기에 한 신도가 이 나무에 커다란 불기둥 세 개가 피어오르고 불기둥마다 앉은 부처가 설법하는 꿈을 꾼 뒤 이 절에 전 재산을 시주했다. 이 돈으로 지금의 선덕사가 지어졌다. 이후 선덕사는 구실잣밤나무 아래 범천각을 세워 매달 초하루와 보름에 공양을 바치고 있다. 신도회 관계자는 "지금도 기억하는 분이 여럿 계셔서 그때 일을 얘기해주십니다. 이곳이 부처님을 모시는 사찰이라 신령스럽다는 얘기는 하기가 어려워 알리지는 않고 있습니다"라고 설명했다.

밤나무가 100살가량 사는 것과 비교하면 구실잣밤나무는 수백 살을 살고, 일본에는 1000살 넘은 고목도 더러 있다고 한다. 타고난 건강 체질이기 때문이다. 하지만 제주에서는 구실잣밤나무가 흔함에도 불구하고 100살 넘는 고목은 흔치 않다. 제주 전체에 보호수로 지정된 구실잣밤나무는 세 그루(제주시 아라동과 용강동, 서귀포시 보성리)뿐이다. 저지대에서 가깝다보니 오래전부터 땔감 등 목재로 손쉽게 이용된 탓이다.

지금 제주 곶자왈에는 숲이 우거져 있지만 자세히 보면 구실잣밤나무나 가시나무 등 참나무류(참나무과)는 대부분 50~60살을 넘지 못한다. 팍팍했던 제주 사람들의 현실을 반영한다. 사람들의 거주지와 가까운 까닭에 구실잣밤나무나 가시나무들은 1980년대까지 땔감으로 이용됐다. 한꺼번에 화력이 올라 금방 식는 소나무와 달리, 참나무류는 화력이 한 번에 세지지 않고 밤새 은은하게 타기 때문에 선호하던 땔감이었다. 다행히 곶자왈은 지형적으로 습도도 높고 온도도 적당하기 때문에 불과 50년 만에 숲이 좋아졌다. 벌거숭이 우리 숲이 지금처럼 어느 정도 회복해가는 것도 연료가 목재에서 석탄·석유·가스 등으로 바뀌었기 때문이다.

구실잣밤나무는 재질이 치밀하고 단단해서 목재로 널리 이용됐다는 점도 현재 큰 나무가 남아 있지 않은 이유다. 제주 전통 배로서 일본과 중국 등을 오갔던 '덕판'도 구실잣밤나무 목재가 이용된 사례다. 한국인 최초의 가톨릭교회 사제인 김대건 신부가 1845년 사제서품을 받고 중국 상하이에서 귀국길에 오를 때 탔던 라파엘호가 바로 제주에서 만들어진 구실잣밤나무 덕판이다.

최근에는 구실잣밤나무가 사시사철 싱그러운 잎을 통해 탄소를 흡입하는 능력이 다른 나무보다 뛰어나다는 사실이 확인됐다. 또 특유의 항균력이 있어 고추역병 등 농작물의 각종 병원균을 억제하는 데 이용하는 방안도 연구하고 있다.

나무의 밤알처럼 결실의 계절이 가까이

그럼에도 도시 확장과 도로 개발, 여기에 봄철 특유의 향기 등 여러 이유로 제주의 구실잣밤나무 가로수는 제주 도심에서 점점 사라지고 있다. 제주의 한 대학교 신문사는 2020년 6월 〈봄·여름 애물단지 구실잣밤나무〉라는 기사를 내보내기도 했다. 10여 년 전만 해도 제주도 전체 가로수 길의 20퍼센트 정도를 차지할 정도로 많았던 구실잣밤나무 가로수는 2022년 기준 2845그루(전체 가로수의 2.3퍼센트)만 남았다. 제주 출신인 김찬수 전 산림청 난대아열대산림연구소장은 이렇게 말했다. "구실잣밤나무 향기가 불쾌하다는 얘기는 육십이 넘어 처음 들어봤습니다. 억지스러운 주장이에요."

어쩌면 인류가 지구환경을 바꾸는 가장 결정적인 요인이 된 인류세

제주시 애월읍 납읍리 금산. 불기운을 막으려고 사람의 출입을 금지한
금산(禁山)으로 종가시나무와 후박나무, 동백나무 자연림이 우거져 있다.

(Anthropocene)*에 접어들어 나무는 인간의 배려 없이는 늘 위태로운
상황에 내몰리는 것이 아닐까. 선덕사 구실잣밤나무가 땔감용으로 잘려

---

* 인간 활동이 지구의 생태계와 지질에 큰 영향을 미치는 새로운 지질 시대를 지칭하
  는 용어. 언제부터를 인류세로 보는지는 학자들에 따라 의견이 갈린다. 가장 먼저,
  18세기 후반에서 19세기 초반의 산업혁명을 인류세의 시작으로 보는 견해가 있다.
  이 시기는 화석 연료의 대규모 사용이 시작되면서 대기 중 이산화탄소 농도가 급격
  히 증가한 시기이기 때문이다. 1945년 이후의 핵 실험을 인류세의 시작으로 보는
  견해도 있다. 이 시기의 핵 실험으로 인해 지구 지층에 방사성 동위원소가 분포되었
  기 때문이다. 또, 20세기 후반부터 현재까지 이어지는 대규모 농업, 도시화, 그리고
  플라스틱 사용의 증가 등을 인류세의 시작 시점으로 보는 견해도 있다. 일각에서는
  인류세라는 말이 지금의 기후 위기를 '인간 대 자연'의 대결로 잘못 인식하게 한다고
  지적한다. 이들은 생태계를 파괴하고 기후 위기를 부추기는 중심에 자본주의가 있
  다는 점을 강조한다. 인류의 문제를 단순히 인류 전체의 책임으로 돌리는 것이 아니
  라, 특정 경제 체제와 관련된 문제임을 명확히 하려는 것이다. 이들은 인류세 대신
  자본세(Capitalocene)를 대안으로 제시한다.

나가지 않고 200년 이상 살았던 것도 사찰이라는 든든한 울타리가 있었기 때문이리라.

식물분류학자 허태임 박사는 《밤나무와 우리 문화》[2]에 쓴 기고 글에서 이렇게 말한다.

"서남해 먼 섬에 입도해서 내 눈에 가장 먼저 들어오는 풍경은 구실잣밤나무 군락이다. 계절의 구분 없이 늘 푸른 모습으로 섬을 에워싸는 그 나무들의 위엄찬 모습을 바라보면서 사나흘 식물 조사를 하다보면 저절로 알게 되기도 한다. (…) 어느새 꽃향기는 사그라들고 다글다글 열매가 여물 채비를 한다. 가을이 당도하는 것이다. 내륙 곳곳의 밤나무와 먼바다 갯마을의 구실잣밤나무와 그 나무들의 밤알을 살피는 당신에게도 하늘이 높아지는 결실의 계절이 한 걸음 더 가까이."

반짝반짝 빛나는 나뭇잎 숲

제주는 반짝입니다. 바다에는 푸른 물비늘이 반짝이고, 들과 산에는 나뭇잎이 반짝입니다. 제주도 등 난대림 지역에 많이 사는 가시나무류(종가시·개가시·참가시·붉가시)나 녹나무·후박나무·까마귀쪽나무·동백나무·먼나무 등의 잎사귀는 도톰하고 표면이 반들반들 반짝입니다. 구실잣밤나무도 마찬가지입니다. 이런 빛나는 나무들이 이룬 숲을 조엽수림(照葉樹林, laurel forest), 즉 '빛나는 나뭇잎 숲'이라고 합니다. 제주공항 입구에서부터 후박나무 가로수들이 줄지어 서 있는데, 기회가 있다면 관찰해보시길 바랍니다. 중부 지방에선 보기 드문, 주로 제주도와 남해안에 사는 귀한 생물체입니다.

가시나무류는 중부 지방의 떡갈·신갈·졸참·갈참·상수리 등 참나무류의 친척으로 도토리가 열립니다. 밤나무의 친척인 구실잣밤나무와 함께 참나무과죠. 녹나무·후박나무·까마귀쪽나무는 녹나무과입니다. 그리고 동백나무는 차나무과, 먼나무는 감탕나무과입니다. 이렇게 각기 다른 가문의 식물들이지만 잎은 닮았습니다. 이렇게 환경에 적응한 결과로 유사한 형태를 보이는 현상을 수렴 진화라고 합니다. 제주가 만들어낸 기적입니다.

제주 저지대의 울창한 숲 지대인 '곶자왈'에서도 조엽나무가 이룬 숲을 관찰할 수 있는데, 애월읍 납읍리 금산이 그중 하나입니다. 나뭇잎이 빽빽하게 하늘을 뒤덮고, 나무줄기를 타고 일엽초·콩짜개덩굴 같은 양치식물들과 이끼들, 지의류들이 초록의 향연을 펼칩니다. 무더운 한여름에도 습윤하고 서늘합니다. 이곳은 전혀 다른 세상이라는 걸 알 수 있습니다. 콧속으로 달려드는 공기가 다릅니다. 이렇게 사는 식물이 다르면 들짐승·날짐승·곤충들·균류·박테리아 등 미생물들까지 전혀 다른 생태계가 자리 잡습니다. 미야자키 하야오의 〈모노노케 히메〉 속 사슴 신이 지배하는 공간이 떠오릅니다. 이 영화의 모티브가 된 실제 공간인 일본 야쿠시마(屋久島) 역시 조엽수림으로 유명한 곳입니다.

이런 특별한 잎을 갖게 된 건 여름철 강렬한 햇볕에 적응한 결과입니다. 잎사귀가 도톰하고 윤이 나는 건 왁스 층으로 코팅이 돼 있기 때문인데, 수분 증발을 막아줍니다. 생명이 살아가는 데 물은 첫 번째 사항입니다.

2024년 10월 제주도가 조천읍 함덕리의 함덕곶자왈(상장머체)을 보전 관리 지역에서 생산 관리 지역으로 변경해 큰 논란이 일었습니다. 한마디로 귀한 조엽수림 서식처인 곶자왈에서 공사판을 벌여도 된다는 의미입니다. "과거엔 제주공항에서부터 공기가 달랐는데…"라며 아쉬워하는 사람들이 많습니다. 파괴는 한순간이지만 수십, 수백 년 된 숲 하나를 지켜내긴 어렵습니다. 집을 짓듯이, 필요할 때 숲을 뚝딱 만들어낼 수는 없습니다. 아직 숲을 감상하기에도 벅찬 존재에게 너무 무시무시한 칼자루가 쥐어진 것 같습니다.

제주 비자림로 확장 공사 현장의 아직 베이지 않은 삼나무 숲.

9. 제주 비자림로 삼나무 숲길

︿

삼나무 3400그루가 사라지고 서늘하던 비자림로는 땡볕이 됐다

2022년 12월 제주도는 비자림로(대천교차로에서 금백조로 입구에 이르는 2.94킬로미터 구간) 확장 공사를 재개했다. 마지막 브레이크였던 '공사 무효 소송'에서 법원이 공사 강행 쪽의 손을 들어주자 더욱 거침없어졌다. 2024년 3월에는 추가 벌목도 시작했다. 지금까지 애초 계획보다 1000여 그루 더 많은 3400그루의 삼나무를 베어냈다. 2019년 7월부터 2년 10개월가량 제주도, 환경부, 시민들이 테이블에 앉아 협의한 도로 폭 최소화, 조류 번식기 회피 등 '환경 훼손 최소화' 방안들은 휴지 조각이 됐다.

2024년 7월 29일, 시민들은 여전히 삼나무가 베인 그 자리를 지키고 있었다. 이 시민들은 2024년 3월과 5월, 그리고 6월에 세 차례 공사를 모니터링해 그 결과를 기록하고 발표했다. 이들은 6년 전인 2018년 8월 2일부터 사흘 동안 키 40미터가 넘는 삼나무 1000그루가 떼죽음을 당했을 때 안타까운 마음으로 현장에 모였던 그 사람들이다. 그리고 '비

자림로를 지키기 위해 뭐라도 하는 시민모임(비자림 시민모임)[1]을 꾸렸다. 또 다른 대규모 환경 파괴가 예정된 제주 제2공항 공사 후보지(성산읍)에서도 오름·습지·숨골·조류 등 분야별 생태 모니터링을 하고 있다. "저기 보세요. 여기가 다 삼나무가 빽빽하게 있던 곳이에요. 형식적으로 묘목을 꽂아놓고 할 거 다 했다는 식이에요. 뿌리가 다 드러나 있잖아요." 6년째 비자림 시민모임에서 활동을 이어가는 황용운 씨가 말했다.

그의 말처럼 제주도의 거짓말은 곳곳에서 확인됐다. 시민 협의에 의해 16.5미터로 짓기로 한 도로 폭은 30미터가량으로 넓어져 있었다. 찻길 가에 삼나무를 대신해 심었다는 키 1~2미터 편백 묘목들이 시들시들한 채 한 줄로 서 있었다. 일부는 고사했다. 숲이 있던 자리에 롤러와 굴착기, 덤프트럭이 맘껏 오갔다. 한때 울창하게 우거진 숲으로 한낮에도 어둑어둑했던 비자림로가 뙤약볕에 노출돼 있었다. 오전 11시에 이미 기온은 34도를 넘어서고 있었다.

도로 확장을 위해 다리를 놓은 천미천에는 흙먼지가 날렸다. 제주에서 가장 긴 하천으로 비자림로를 관통하는 천미천은 여느 제주의 하천들처럼 평상시엔 물이 흐르지 않았다. 그래도 물웅덩이가 마른 적은 없어 새들이 목을 적시고 먹이를 찾았다. 하지만 교각 공사로 지반이 뚫렸고, 아예 메말라버렸다. "새들의 번식 철(5~9월)을 피해 공사하겠다는 약속대로라면 지금 공사하면 안 되죠. 천연기념물인 팔색조도 지금이 번식기거든요. 남방큰돌고래를 법적인 인격체로 인정하겠다고 한 오영훈 제주도지사가 하는 일입니다. 전형적인 그린워싱이고 치적 쌓기죠." 황 씨가 말했다.

공사 현장 한편에 작은 오두막이 놓여 있었다. 2019년 3월부터 농성과 감시를 위해 세운 시민들의 근거지다. 빈 오두막에는 "돈보다 생명을 중요하게 생각하기" "편리를 위해 너무 많은 것을 잃지 않기" 등의 글귀가 쓰여 있었다. 그 옆으로 2018년 9월 '손바느질 퍼포먼스'로 만들어진 "자연이 행복하면 인간도 행복하다"라는 펼침막도 건재했다. 공사로 베일 위기에 처했다가 결국 도로가 비켜 가도록 했던 '150살 팽나무 노거수'가 공사 현장을 지켜보고 있었다.

시작은 2018년 8월 7일로 거슬러 올라간다. 비자림로 벌목 현장이 언론에 공개되고, 공사 현장에 날마다 안타까워하는 시민 수십, 수백 명이 모여들었다. 비자림로 시민모임 등 여러 모임이 꾸려졌다. 각종 퍼포먼스, 크라우드펀딩 등 다양한 행동이 이어졌다. 백미는 공사업체가 낸 환경영향평가서가 거짓·부실 서류라는 사실을 밝혀낸 일이었다. 시민들은 전문가들과 함께 주변 숲을 모니터링했다. 천연기념물인 팔색조와 두견이, 멸종위기종인 애기뿔쇠똥구리 등 조류 46종, 양서파충류 12종을 확인했다. '하나도 없다'던 법정보호종이 10종 이상 비자림로 삼나무에 기대 사는 것으로 확인됐다. 이런 힘으로 공사는 세 차례(2018년 8월, 2019년 5월, 2020년 6월) 멈춰 섰다. 최재천 생명다양성재단 이사장은 당시 이 조사 결과에 대해 "비자림로는 공사를 진행하느냐 중단하느냐를 논할 수준의 장소가 아니다. 기존 도로까지 없애 숲 전체를 자연보전지역*으로 설정해야 한다. 생물다양성 차원에서 너무나 소중하다는 것이 명명백백하게 밝혀졌다"라는 의견을 보냈다.

---

* 다양한 동식물이 살거나 지질학적으로 특별한 가치를 갖는 등 생태적으로 중요한 지역을 보존하고 연구하기 위해 정부에서 설정한 보호 지역.

제주 비자림로 확장 공사 현장의 뿌리 뽑힌 삼나무.

시민들이 앞장선 생태 조사

하지만 삼나무는 계속 베여나가고 있다. "(제주도에서) 삼나무는 쓸모없는 나무라는 얘길 해요. 꽃가루가 날리고 키가 커 그늘이 지니 감귤나무가 자라는 걸 방해한다고도 해요. 그런데 삼나무로 그늘이 져서 공중 습도가 높아지고 양치식물이 기세등등하게 자리를 잡았어요. 멸종위기종이라고 인정받는 새들도 살기 위해선 삼나무 숲이 있어야 하고 천미천이 있어야 하는데, 이렇게 (모든 생명이 연결돼 있다는) 대화가 없는 채로 어떤 개체가 중요하다, 안 중요하다는 얘기를 해요. 삼나무가 차량 헤드라이트를 막아주어서 애기뿔쇠똥구리들이 살고 있고, 키 큰 나무들이 있어 새들이 2차선 구간을 쉽게 넘어가죠. 피톤치드가 나온다며 '쓸모 있다'고 취급되는 사려니 숲은 비자림로 숲과 연결돼 있어요. 이렇게 생명이 서로 연결돼 있다는 게 중요한데, 사람 기준으로 쉽게 쓸모를 얘기하죠." 비자림로 생태 조사에 참여한 디자이너 그린씨의 말이다.

삼나무에 기댄 주변 생태계가 풍성해졌다는 건 2019년 6월부터 2021년 11월까지 시민들이 전문가들을 초청해 자체적으로 진행한 '비자림로 식물상 조사' 결과에서도 나타난다. 멸종위기종 으름난초와 나도은조롱·백리향 등의 희귀식물 17종부터 우리나라에 서식처가 극히 드문 양치식물 68종이 발견되는 등 비자림로 주변 숲에서 모두 585가지 분류군의 식물이 확인됐다. 제주도 환경영향평가 결과보다 두 배 이상 많았다.

그런데 앞뒤 다 자른 채 삼나무를 타깃으로 한 공격이 거세졌다. '꽃가루 알레르기 피해가 크다'는 것이 주요 근거다. 급기야 2024년 4월 오영훈 제주도지사가 도의회에 나와 아토피 문제의 대응 방법으로 '오름의 삼나무 전량 베기'를 언급했다. 봄철 꽃가루 문제는 소나무·참나무류를 비롯한 풍매화의 공통적인 문제인데, 유독 삼나무만 문제 삼았다.

아토피 해결하려고 삼나무를 전부 벤다?

"삼나무는 백해무익하다는 식이죠. 삼나무 잔가지와 이파리를 잘라다 목욕하면 피부병이 낫습니다. 사시사철 그늘이 지게 해 항상 촉촉해서 산불을 막아주는 나무죠. 무작위로 베어내려고 삼나무를 공격하는 것 같아요." 나무를 심는 시민 모임 '혼디자왈' 소속 송기남 씨가 말했다.

삼나무와 그 친척들(측백나무과)은 세계적으로 오래 살고 몸집이 크게 자라는 나무 무리다. 미국 세쿼이아국립공원에서는 수천 살 된 자이언트 세쿼이아들이 숲을 이루고 있다. 키가 100미터 넘는 나무도 숱하다. 이러한 장수 비결 중 하나로 산불을 견디는 능력이 꼽힌다. 이날 삼나무의 바늘잎을 루페(확대경)로 들여다봤다. 통통한 다육질 잎이 눈에 들어왔다.

비자림로 지키기 운동을 계기로 환경영향평가 등 대규모 토목공사의 제도적 허점이 낱낱이 드러나기도 했다. 그린씨가 말했다. "처음엔 절차를 잘 몰랐어요. 환경영향평가라는 말도 잘 몰랐어요. 그래서 질문했죠. 조사가 제대로 안 됐으니 제대로 해달라고 했어요. 그런데 알고 보니 비자림로는 원래는 전략환경영향평가를 받아야 하는데 조사를 간략하게 하려고 공사 구간을 쪼갠 뒤 소규모환경영향평가를 받게 했더라고요. 환경영향평가를 하더라도 그 평가를 공사하고 싶어 하는 개발업자가 용역을 줘서 수행하는 구조더라고요. 엉망으로 서류를 작성해도 환경부는 확인도 없이 도장을 찍어주고, 멸종위기종 등이 나와도 저감 대책을 세우면 공사할 수 있도록 하는, '어찌 됐든 공사는 한다'는 그런 제도였어요."

김순애 제주 녹색당 공동운영위원장이 말했다. "'없다'고 했던 법정관리종이 10여 종 나왔다면 그 서류는 거짓인 거잖아요. 그런데 행정(환경부)과 법원은 '부실 작성' 정도일 뿐이며 그렇기 때문에 공사를 못 하게 할 정도는 아니라고 보더라고요. 팔색조를 확인했는데도 일부러 감추는 정도가 돼야 한다는 게 그쪽 생각이에요. 새로운 시각으로 법을 해석하려 하기보다 한 번 만들어진 관행대로 하려는 성향이 강해요. 그래서 비자림로 시민모임은 2심에서 대법원으로 가지 않기로 했어요. 재판에 희망이 없다고 본 거죠. 대신 그간의 운동 결과가 지켜지도록 확인하고 기록하자고 의견을 모았어요." 이런 고민으로 2024년 2월 전국적으로 108개 환경·시민단체가 모여 '환경영향평가제도 개선 전국 연대'가 꾸려졌다.

비자림로에 모였던 사람들은 제주 제2공항 공사 반대 운동에서도 모이고 있다. 7월 30일 오전 홍영철 제주참여환경연대 공동대표와 성산읍 수산리, 온평리의 숨골을 찾았다. 숨골은 한라산과 여러 오름에서 분출된 용암이 굳을 때 만들어진 지형이다. 쉽게 말하면 지하 동굴로 이어지는 구멍이다. 숨골은 한라산과 오름에서 지하 동굴까지 제주 생태계를 하나로 잇고, 생태계와 사람을 이어주는 통로다. 제주 동부와 서북부에는 천천히 흘러내린 점성이 약한 용암(파호이호이 용암)이 넓은 바위 지대인 벵듸* 지형을 형성한다. 이런 지형에서 숨골은 빗물을 빨아들여 홍수를 막고 지하수를 채워준다. 제주도민들이 마시는 물은 대부분 이렇게 만들어진 지하수다.**

그러나 이 귀한 숨골이 제2공항 공사를 하는 덴 장애물일 뿐이다. 2018년 말 국토교통부는 전략환경영향평가에서 '제2공항 예정 터'에 숨골이 여덟 곳밖에 안 된다고 발표했다. 이 역시 부실 조사였다. 2019년 홍 대표 등이 참여한 '제2공항 저지 도민회의' 숨골조사단의 조사로 185곳이 추가로 확인됐다.

홍 대표가 말했다. "현장에 오니 주민들이 '내가 아는 것만 여덟 개가 넘

---

* 제주 특유의 평평한 초원 지대. 점성이 세고 빨리 흘러 식을 때 판을 툭툭 깨지고 부서지면서 흐르는 '아아 용암'에 의해 형성된 곶자왈과 대비된다. 곶자왈은 지표면이 울퉁불퉁해 간혹 걷기가 불편할 정도다. 파호이호이나 아아 모두 용암이 발달한 하와이 원주민들의 말이다.

** 2022년 기준, 제주 수자원 중 지하수 이용률은 96퍼센트였다.

는다'고 하더라고요. 여기는 숨골이 없으면 (물이 빠지지 않아) 습지가 되는 지형이에요. 이후 국토부가 숨골의 개수를 153개로 정정했죠. 그런데 교육적 가치, 구멍의 크기 등의 자의적인 평가 기준을 만들더니 보전 가치가 있는 건 22개뿐이라고 했죠. 숨골의 가치는 지하수 함양에 있는데, 일부러 가치를 낮추려는 의도였어요. 살펴보니 예정지에만 숨골이 300여 곳 있는 것으로 추정됩니다. 2024년 7~8월 전수 조사하고 있어요."

숨골은 제주도 조례에 따라 지하수보전자원 1등급으로 지정돼 있지만, 보전·관리는 이뤄지지 않고 있다. 2003년에 280여 개가 지정된 이래 실태 조사도 전무한 상태다. 2017~2018년에는 애월읍에서 축산 농가들이 분뇨 수만 톤을 숨골에 그대로 내버려 지하수 오염으로 이어졌다. 각종 도시 개발과 도로 확장으로 제주도 지하수 수위 또한 급격히 낮아지고 있어 숨골·곶자왈 등 제주 특유의 지하수 함양원 보존의 중요성이 커지고 있기도 하다. 제주도 제주지하수연구센터 조사에 따르면 2023년 제주도의 지하수 수위는 13.54미터로, 한 해 전보다 1.97미터나 낮아졌다. 등록된 용천수 1025곳 중 500여 곳 이상이 메말랐다는 조사 결과도 나온 바 있다.

이날 두 곳의 숨골을 확인했다. 밭 한복판에 있는 숨골이었다. 쪼그려 앉아 고개를 대보니 한기가 올라왔다. 깊숙이 양치식물과 이끼가 자랐다. 다만 비료 포대가 방치되는 등 보존·관리는 이뤄지지 않았다. 비가 오면 이 밭의 농약과 비료가 그대로 지하로 흘러들어 도민의 식수가 될 테다. 특히 제주 동부는 오름이 집중된 곳이다. 중앙정부와 제주도가 숨골을 대하는 태도를 보면 오름에서 터진 용암이 동굴·숨골과 연결돼 있다는 명백한 사실을 애써 무시하려는 것 같다. 숨골이 이렇게 많다는 건 예정 부지가 대부분 동굴 위라는 걸 예상할 수 있다. 과연 안전할까? 안전을 떠나서 공항을 놓는다는 건 물이 빠져나갈 수 없는 불투수층을 그만큼 만든다는 것이다. 숨골을 막는다는 의미다. 물이 함양되지 않으면 마실 물이 그만큼 줄어든다는 의미다. 물을 구하지 못해 육지에서 구해 와야 할 날이 얼마 남지 않았다는 의미다.

> 하여 나무 한 그루를 심는다는 일은
> 하늘로 오르는 신의 길목을 내는 일이며
> 우리의 내일을 하루만큼씩 이어간다는 것이고
> 한 그루의 나무를 베어낸다는 것은
> 하늘에서 내리는 신의 길목을 끊는 일이며
> 우리의 내일을 하루만큼씩 줄여간다는 것이다

> 김수열, 〈낭 싱그는 사람을 생각한다〉 중[1]

비자림로 지키기 운동에는 많은 예술가가 결합한 것으로도 유명하다. 대표적인 것이 2020년 4~5월에 있었던 '낭 싱그레 가게'(제주 말로 '나무 심으러 가자') 활동이었다. 다양한 전시회·공연·문화제 등이 열렸다. 이 과정에서 울림이 큰 예술 작품들이 탄생하기도 했다. 회화·판화가 고길천 작가는 삼나무에 톱날이 들어갔다 멈췄다 했던 당시 흔적을 프로타주(Frottage)* 작

---

* 텍스처(질감)를 전사하는 미술 기법 중 하나. 일반적으로 종이를 나무 껍질·바위·잎사귀 등 거친 표면 위에 놓고, 연필·숯·크레용 등의 도구로 문질러서 표면의 질감을 종이에 옮기는 방법이다. 이렇게 생성된 텍스처는 독특한 시각적 효과를 만들

업으로 살려냈다. 삼나무의 잘린 밑동을 이용한 작품들을 시민들과 나누고 작가를 7월 29일 오후 제주 시내 그의 작업실에서 만났다.

"내가 지금까지 작업한 것 중 제일 보람이 있었어요. 일반인, 시인, 화가, 공연하는 사람들이 다 같이 참여해서 나무를 심고 공연하고 전시하고 다 했어요. 말 그대로 공동체 예술이 된 거죠. 그렇게 작품을 그리고 전시를 했더니, 이번에 새로 공사를 시작하면서 아예 밑동을 바로바로 치워버리더라고요. 남은 밑동으로 뭘 할지 두려운 건지…"라고 작가가 말했다. "삼나무는 제주 사람들을 먹여 살린 나무예요. 방풍용으로 심어서 밀감나무를 지켜줬잖아요. 그걸로 제주 사람들이 먹고살았죠. 이제는 필요 없다고 잘라버린다고요? 사람들이 부정적인 교육을 받았기 때문이죠. 나무를 자르면 나무만 없어지나요? 온갖 생명체가 다 사는 게 나무잖아요."

제주를 떠나오는데 그린씨가 〈제주라는 이름의 고래〉라는 자신의 작품을 보여주며 했던 말이 떠올랐다. "제주를 하나의 생명체, 고래로 생각하면서 그림을 하나 그려봤어요. 이 고래는 큰 바다를 떠다니는 중이에요. 숨구멍이 있는데 한라산도 숨구멍이고 오름이 다 숨구멍이에요. 그걸 혹이 나 있다고 생각하고 그렸어요. 사람들은 거기서 물을 받아다 쓰고, 그런 모습이 고래의 줄무늬를 이루는 거죠. 고래는 바다생태계에서는 '바다 숲'과 같은 역할을 하죠.[*] 제주도는 지구 입장에서는 고래 한 마리 아닐까요."

어낸다. 무작위적인 텍스처가 생성되어 예기치 않은 창작물이 탄생할 수 있다.

[*] 고래가 해양생태계에서 '바다 숲'과 같은 역할을 한다는 것은 육상생태계의 숲이 탄소를 저장하고 영양소를 순환시키는 역할을 하는 것과 같다. 긴 수명 동안 대기 탄소를 큰 몸에 포집하는 고래는 수면에서 심해까지 휘젓고 다니면서 작은 새우부터 물고기까지 먹이를 먹고 배설하면서 양분을 순환시킨다. 이로 인해 심해 속 영양소가 수면으로 올라와 해양생태계의 기초인 플랑크톤에게 '비료' 역할을 한다.

제주 비자림로 확장 공사 현장의 삼나무 열매와 잎.

또, 죽은 고래의 사체는 바다 바닥으로 가라앉아 수십 년 동안 심해 생물들을 살게 하는 소중한 양분이 된다. 이런 현상을 고래펌프(whale pump)라고 한다.

미국의 거인 삼나무들이 산불로 떼죽음을 당한 뜻밖의 이유

제주도청은 골칫덩어리 취급을 하지만 시원시원하게 쭉쭉 뻗어 자라는 삼나무와 삼나무 친척들(측백나무과, Cupressaceae)은 세상에서 가장 높고 크게 자라고, 건강하게 오래 살며, 많은 사람들의 사랑을 받는 나무입니다.

미국 캘리포니아 세쿼이아국립공원의 '거인 삼나무' 자이언트세쿼이아 숲이 대표적입니다. 3000~5000살 정도로 추정되는 70~80미터 키의 거대한 생명체들의 터전입니다. 이 가운데 셔먼 장군(General Sherman)은 압도적입니다. 키 83.8미터에, 가슴높이 둘레는 31.1미터에 달합니다. 하늘로 몸통을 쭉쭉 뻗어, 가장 아래 달린 가지도 39.6미터 상공에서 시작합니다. 잎과 가지가 드리운 캐노피의 폭은 32.5미터입니다. 그리고 지금도 계속해서 자라고 있습니다. 이렇게 수천 년을 살았다는 건 그만큼 강인하다는, 무엇보다 산불을 견딜 능력이 강하다는 의미입니다. 제주의 삼나무들도 바람을 막아줘 밀감나무가 잘 자라게 해줬고, 사철 습윤한 미기후를 만들어줘 화재로부터도 농작물을 지켜준 고마운 존재입니다.

그런데 최근 미국 산불로 자이언트세쿼이아들이 떼죽음을 당하고 있습니다. 2020년과 2021년 각각 7500~1만 600그루와 1300~2380그루의 자이언트세쿼이아 거목들이 산불로 목숨을 잃었습니다.[2] 수백, 수천 년을 산전수전 다 겪으며 같은 자리에서 살아온 '거인'들에게 무슨 일이 생긴 걸까요? 미국 정부는 기후변화와 함께 그간의 숲 가꾸기나 인위적인 화재 진압이 더 위험한 산불을 불러왔다고 진단합니다. 주기적인 화재는 숲의 영양분 순환을 돕고, '불에 탈 각종 재료들'을 없애주는데, 인간이 나서는 바람에 이런 순환 구조가 꼬여버렸다는 겁니다.

이러한 진단 결과는 우리가 숲을 대할 때 어떤 자세를 가져야 할지 생각하게 합니다. 참고로 2023년 기준 우리나라 산림청의 숲 가꾸기 사업 예산은 3213억 원에 달합니다. 숲을 그냥 두지 않고 길을 내고, 솎아 베고, 관리하는 것이 우리 나라 산림청의 고집스러운 기조입니다.

물론 자이언트 세쿼이아가 사는 숲과 우리나라 숲은 다릅니다. 다만 우리가 숲을 대할 때 가져야 할 자세에 대해 생각해보게 합니다. 우리는 여전히 숲을 잘 모른다는 사실을 되새기는 것입니다. 이 미지의 영역에 대해 우리가 지금껏 벌여온 일들이 틀렸을 수 있다는 양심을 가지는 태도입니다.

우리나라 정부가 산불을 막겠다고 벌이고 있는 대책은 수십 년째 똑같습니다. 숲 가꾸기 사업과 임도* 연장 공사, 크게 두 가지입니다. 숲 가꾸기 사업은 '크고 똑바로 자라는 좋은 나무들'을 제외한 작은 나무들이나 풀을 제거하는 일 입니다. '좋은 나무들'에 대한 가지치기도 포함됩니다. 숲속의 '탈 것'들을 제거 해 산불을 예방한다고 산림청은 주장합니다. 임도 연장 공사는 산에다 도로를 내는 일입니다. 임도가 많아야 산불이 났을 때 소방차가 잘 들어갈 수 있고, 그 래서 불을 잘 끌 수 있다고 보는 겁니다. 얼핏 그럴듯하게 들리지만, 이 두 가지 정책은 나무를 없애는 일이라는 공통점이 있습니다.

숲을 가꾸고 도로를 내려면 사람과 장비가 숲속을 뒤집고 다녀야 합니다. 그 모든 흔적이 '길'이 됩니다. 축축한 부식토가 사라집니다. 나무와 풀, 이끼, 지의 류 등 식생이 파괴됩니다. 원래는 그늘졌던 깊은 숲이었지만 솎아베기와 가지 치기로 햇볕이 구석까지 들어오는 메마른 공간이 됩니다. 산불이 나면 더 크게

---

* 임산도로(林産道路)의 줄임말. 베어낸 나무를 옮기기 위해 숲속에 낸 찻길을 말한다.

번질 수 있습니다. '가꿔놓은' 길은 산불이 빠르게 옮겨붙는 통로가 됩니다. 베어낸 줄기와 가지는 숲속에 '깨끗하게 정리해서' 한동안 쌓아둡니다. 이런 죽은 나무들은 바싹 말라 '탈 것'이 됩니다. 물을 잔뜩 머금은 참나무류 등 활엽수들이 살아 있는 숲은 오히려 산불이 퍼지는 걸 막아줍니다. 숲이 만들어낸 생명체들을 불에 탈 수 있는 불필요한 쓰레기로 보고 정리하고 치운다는 건데, 무엇이 '탈 것'이고 '가꾸는 것'이며 '깨끗한 것'인지 헷갈릴 지경입니다.

수십 년째 숲을 가꾸고, 임도를 늘려왔는데 해마다 산불은 더욱 극심해졌습니다. 연평균 산불 발생 면적은 1990년대 1398헥타르에서 2000년대 3726헥타르로, 2020~2023년에는 8369헥타르로 확대되고 있습니다.[3] 이유가 뭘까요. 정말 기후변화만의 문제일까요. 그래서 앞으로도 숲을 더 '가꾸고', 임도를 더 만들어야 할까요. 잠시 멈추고, 과거 벌인 일들에 대해 모든 가능성을 열어놓고 점검하고 평가하고, 반론들을 검토하는 게 먼저이지 않을까요.

숲 가꾸기나 산림청이 없을 때도, 더 나아가 사람이 세상에 나타나지 않았을 때도 숲은 존재했습니다. 저절로 자라 훌륭해지고 아름다워진 숲입니다. 나무를 죽여서 나무를 살리고, 숲을 죽여서 숲을 살린다고요? 아무리 생각해도 형용모순인 것 같습니다.

3.

물이 좋은 나무

대구 금호강 팔현습지의 왕버들·버드나무 숲.

10. 대구 왕버들 숲

숲과 맹꽁이를 밀어내고 만든 사람 길

흙탕물 급류가 거칠게 흘렀다. 2023년 8월 31일 오전 이틀째 내린 비 (누적 강수량 160밀리미터)로, 대구 시내를 굽이굽이 관통하는 금호강 이 잔뜩 성나 있었다. 동구 방촌동에서, 보행교(강촌햇살교)를 건너 금 호강 왼쪽 기슭(좌안)으로 발을 디뎠다. 왕버들·수양버들·버드나무 등 버드나무 일가가 수 킬로미터로 긴 띠 모양의 숲을 이뤘다. 어느새 가슴 장화의 허리께까지 물이 찼지만, 잔잔한 물살이 건너편 기슭(우안)과 대 비됐다. 습지가, 범람한 강물을 스펀지처럼 빨아들여 강물의 힘을 꼭 눌 러줬기 때문이다.

비 오면 신나는 버드나무 일가

물에 잠기면 숨을 쉬지 못해 고사하는 보통 나무와 달리, 왕버들 등 버드나무 종류는 되레 신난다. 산등성이가 소나무의 독무대라면, 버드나무 종류의 독무대는 물가다. 물에 잠겨도 잎에서 뿌리까지 산소를 원활하게 전달할 수 있고, 줄기와 가지에서도 희고 가는 잔뿌리(부정근)를 마구 뻗어 물과 양분을 맘껏 빨아들인다. 버드나무 일가를 가리키는 라틴어 살릭스(Salix)도 '물(lis) 근처(sal)'라는 의미. 특히 왕버들은 버드나무 종류 중 유일하게 수백 년을 살아 '왕' 대접을 받았다. 왕버들은 하류(河柳, 강버들)라고도 부른다. 서울 한강 등 큰 강 주변에 버드나무 종류가 홀로 창창한 것도 누가 일부러 심은 게 아니다. 아주 작은 씨(약 5밀리미터)들이 솜털 날개를 달고 바람 타고 날아든 뒤 다른 수종을 압도한 결과다.

"대구 구역 금호강에 상류 쪽부터 안심·팔현·달성 세 습지가 있는데, 이렇게 산과 강이 연결된 곳은 팔현습지가 유일합니다. 생물다양성이 가장 풍부할 수밖에 없는 이유입니다. 여기 서식하는 법정보호종만 수리부엉이·담비·수달·삵 등 아홉 종에 이릅니다. 안심습지와 달성습지는 산과 연결된 곳에 콘크리트 도로를 깔아 끊어놓았습니다. 법적 보호를 못 받는 곳이지만, 팔현습지는 금호강에서 가장 핵심적인 생태 공간입니다."

이날 함께 팔현습지를 찾은 정수근 대구환경운동연합 사무처장이 큰 왕버들을 가리키며 말했다. 밑동에서부터 둘레 1.5~2미터짜리 줄기(수간) 여섯 갈래가 제멋대로 뻗었다. 위로도 뻗었지만 어떤 줄기는 물가에

대구 금호강 팔현습지의 왕버들 고목나무.

닿을 듯 누워 있었다. 키는 15~20미터가량, 나이는 150살 이상 됐을 것으로 추정했다. 몸집은 커도 햇잎은 꽃처럼 불그스름했다. 이런 특징 때문에 왕버들의 일본 이름은 '붉은 싹 버들[赤芽柳, 아카메야나기]'이다. 둥치 쪽에서 잉어 한 마리가 튀어 올랐다. 큰비로 강물이 불어났을 때 왕버들 숲이 버티고 선 습지 쪽은 물고기 등 하천 생명이 급물살을 피하는 안식처 구실을 한다. 상류 쪽에서 흘러 내려온 갈대 등 각종 초본류와 나뭇가지, 사람들이 버린 페트병과 폐가구 등 쓰레기도 걸러냈다. 하류로 집중될 강물의 거센 힘을 분산시키는, 자연 홍수 방지 시설인 셈이다.

가장 우수한 생태 기술자 왕버들

왕버들 숲은 유럽과 북미 등에 서식하는 비버나 열대 지방 맹그로브숲과 비교된다. 이날 현장에서 만난 식물사회학자 김종원 박사의 설명이다. "떠내려오는 나뭇가지 같은 것으로 댐을 쌓는 비버와 왕버들이 하는 일이 같아요. 비버가 쌓은 댐으로 물의 흐름이 바뀌면서 홍수가 났을 때 물이 힘을 뺄 수 있고, 모아뒀던 유기물을 하구로 공급할 수도 있어요. 비버의 집이 유속을 느려지게 하니까, 그 주변에 서식하는 동물도 굉장히 많거든요. 물고기의 산란처가 되고, 곤충이 겨울을 나고요. 비버의 집은 하나의 생태계죠. 그래서 생태학자들은 비버를 가장 우수한 생태 기술자라고 해요. 우리나라에서는 왕버들·버드나무·선버들 같은 고등 생명체가 바로 이런 하천의 생태 기술자 역할을 하죠."

조선시대 이전엔 왕버들과 버드나무 등을 홍수 방지에 활용하는 일이 흔했다. 《조선왕조실록》 숙종실록 제35권(1701년 기록)을 보면 홍수 피해를 입은 함경도 지역의 복구와 관련해 병마절도사 홍하명이 이렇게 건의한다. "느릅나무와 버드나무를 심어서 울타리를 만들고 그 안을 돌과 흙으로 메우면 느릅나무와 버드나무가 뿌리를 내려 서로 연결돼 버티는 방법이 될 것 같다." 숙종은 이를 실행토록 한다.

김종원 박사는 이렇게 말했다. "돈과 기술, 지식이 충분하지 않았기 때문일 수 있지만 조선시대에도 하천에서 자라던 버드나무 종류를 보존·관리하면서, 순리대로 자연을 보면서 홍수를 방지했어요. 지금의 과학 용어로 말하자면 '잠재자연식생'*을 몸소 실천했던 겁니다. 제방을 쌓는 지금 방식은, 자연의 역리이자 인간만 행복하고자 자연에 큰 손해를 끼치는 나쁜 생태 기술이라고 할 수 있죠."

그런데 이 '띠 숲'을 따라 노란색 깃발들이 박혀 있다. 보행교가 놓일 위치를 찍어놓은 것이다. 정수근 사무처장은 "습지에서 중대한 역할을 하는 왕버들 고목 10여 그루를 포함해 수십 그루가 베일 예정"이라고 말했다. "여기까지 사람이 꼭 와야 합니까? 자연환경 보전을 책임져야 할 환경부가 이 사업을 꼭 하겠다고 합니다."

보행교 공사는 2025년에 시작될 예정이다. 사업을 주관하는 낙동강유역환경청 담당자는 "큰 나무는 베지 않고, 야생동물에게도 해를 미치지 않게 공사를 진행할 것"이라며 "자꾸 팔현습지라고 하는데 거기는 (법정) 습지도 아니다"라고 목소리를 높였다.

기자를 사이에 두고 양방이 대거리했다. 정수근 사무처장도 목소리를 높였다. "보행교를 놓으려면 굴착기 등 중장비가 들어와야 하는데, 그 길에 있는 나무를 안 벱니까? 그리고 보행교 공사를 하는 순간 생태 교란은 일어납니다. 완공되면 사람들이 왕래할 거고." 앞서 낙동강유역환경청은 "조류는 여기저기로 옮겨 다니며 사는 습성이 있어서"[1] 이번 공사가 멸종 위기 조류에 큰 영향을 주지 않는다고 설명해 물의를 빚기도

---

* 인간의 간섭 없이 오랜 시간이 흘렀을 때 형성될 가능성이 가장 높은 식생(vegetation). 식생은 한 지역에 함께 사는 식물들을 말하는데, 나무부터 풀, 이끼, 조류에 이르기까지 모든 형태의 식물을 포함한다. 식생은 다양한 동물들의 살 곳과 먹이가 되기 때문에 생태계의 토대가 된다. 사람에 의한 교란을 전혀 받지 않은 식생을 '자연식생'이라고 한다. 반면 현재 훼손돼 있는 식생을 '현존식생'이라고 한다.

대구 금호강 달성습지의 왕버들·버드나무 숲. 이날 오전까지 내린 큰비로 금호강이 범람해 숲이 물에 잠겨 있다. 버드나무에는 반가운 일이다.

했다.

인근의 방촌동 주민 황 씨는 "도시에서 흔치 않은 자연 그대로의 공간이라 건너편에서 다니면서 감상하는 것도 부족함이 없다. 팔현습지에 뭘 만든다는 소식에 의아해하는 주민이 많다. 오히려 세금 낭비해서 풍경만 가릴 거 같다"라고 말했다.

사실 팔현습지 왕버들 숲이 순도 100퍼센트에 가까운 자연 형태를 유지할 수 있었던 비결은 딱 하나, 사람의 접근이 어렵다는 점이다. 왕버들 숲이 접한 제봉산 구간은 가파른 절벽으로 이뤄진 하식애(하천 침식 언덕) 지형이다. 절벽 아래 습지라는 불편한 지형 덕에 대구 시내 한복판에 수리부엉이와 담비 같은 최상위 포식자가 살게 된 것이다. 최상위 포식자가 산다는 것은 곤충·균에 이르기까지 먹이사슬의 바닥 생태계도 튼튼하다는 의미다.

김종원 박사는 팔현습지를 희귀 야생 동식물이 서식하는 수중 동굴이나 심해 등과 같은 '숨은서식처(Cryptic Habitat)'로 보고 보호해야 한다고 지적했다.

"하천에 만들어진 절벽 같은, 인간의 눈에 띄지 않는 곳이나 사람이 한 번도 가보지 않은 곳을 '숨은서식처'라고 합니다. 그간 개발 압력에서 살아남아 생물다양성이 명맥을 잇고 있는, 이 땅의 정말 마지막 생명의 보루 같은 곳입니다. 중생대 말에 멸종한 다른 공룡들과 달리 공룡의 일족인 새가 살아남았던 것은 '숨은서식처'가 있었기 때문입니다. (팔현습지에는) 수리부엉이나 담비 같은 동물이 삽니다. 이런 귀한 생명이 사는 숨은서식처를 보호하는 건 국가가 신속하게 대응해야 할 일이고, 절체절명의 긴급한 화두입니다."

이름은 '생태공원'이지만, 습지를 공원화하면 습지의 가치와 생태계는 심각하게 파괴될 때가 많다. 울퉁불퉁하고 발이 푹푹 빠지는 습지의 지형은 다양한 동식물이 살아가는 데 좋은 환경을 제공하지만, 사람에게는 불편하다. 그래서 평탄화되고 딱딱하게 다져진다. 달성습지 생태공원의 '맹꽁이 실종 사건'이 대표적 예다.

대구시는 멸종 위기 야생생물 2급 맹꽁이를 달성습지의 상징으로 홍보한다. 그러나 대구환경운동연합의 조사 결과, 10여 년 전만 해도 수만 마리 있던 달성습지 맹꽁이는 '생태'복원사업(2012~2019년) 기간에 급감했고, 급기야 2022년부터는 아예 사라졌다. 달성습지를 개발하면서 맹꽁이의 주 서식처를 훼손했기 때문이다. 사람들이 오기 좋게 '개발'한 다면서 맹꽁이 서식처에 인공수로를 냈다. 공원화한다고 나무와 습지를 대거 훼손했다. 맹꽁이가 서식하려면 습지에 비가 오고 10~15센티미터 깊이의 웅덩이 지형이 만들어져야 하지만 개발 공사를 위해 중장비가 누비고 다닌 곳엔 그런 습지는 잘 만들어지지 않았다. 장마철에 웅덩이가 생기고, 수컷이 먼저 나타나고 암컷이 나타나 산란하는데, 이런 서식처가 거의 사라진 것이다.

맹꽁이의 습성을 이해한다면 정말 못할 짓이었다. 맹꽁이는 다른 개구리류와 달리 엉금엉금 기어다니고 뒷다리로 흙을 파고 그 속에 숨는다. 부드러운 흙이 없으면 족제비나 너구리 같은 육식동물한테 쉽게 잡아먹힌다. 대구시에선 대체 서식처를 만들었다고 홍보한다. 하지만 대체 서식처를 만든다는 건 불가능한 일이다. 하나의 생물이 서식처를 선택하는 데엔 셀 수 없는 변수들이 존재하고, 인간은 그 변수들을 다 계산

대구 금호강 팔현습지 왕버들 고목나무의 불그스름한 햇잎.

할 수 없다. 공사 기간을 단축하는 데만 몰두해 있는 토목건설업체들에게는 더더욱 불가능한 일이다. 지금껏 환경영향평가를 통과하기 위해 무수한 대체 서식처가 만들어졌지만 성공한 사례는 단 한 건도 없다. 왕버들과 버드나무도 맹꽁이가 살아가는 데 필수적이다. 겨울에 잎을 떨구어 겨울잠을 자는 맹꽁이들을 따뜻하게 해준다. 하지만 달성습지가 개발되면서 무수히 많은 왕버들과 버드나무들이, 사람 길을 위해 베였다.

대구시 기후환경정책과 담당자는 "맹꽁이가 사라졌는지 확실하지 않다. 또 맹꽁이가 줄어들었다면 그건 (문재인 정부 시절 4대강 보 개방에 따라) 낙동강 수위가 낮아졌기 때문"이라고 했다. 정수근 사무처장은 이렇게 응전했다. "말도 안 되는 소립니다. 그럼 보 설치 전에는 수위가 더 낮았는데 그땐 왜 맹꽁이가 훨씬 더 많았습니까?"

8월 31일 오후 달성습지 곳곳에는 맹꽁이 조형물과 소개 푯말을 볼 수 있었다. 황소개구리들이 억세게 울었다. "맹꽁이가 안전하게 활동하고 번식할 수 있도록 보호에 적극 협조하여주시기 바랍니다"라는 글귀가 쓰여 있었다. 물에 잠긴 왕버들·수양버들·버드나무가 당당한 모습은 같았지만, 팔현습지와는 사뭇 달랐다. 데크가 놓여 있어 장화를 신지 않았는데도 바짓가랑이에 흙이 묻지 않았다. 왕버들과 맹꽁이를 희생시켜서 놓은 '사람 길'이다.

개발 뒤 확 작아진 성주의 왕버들 숲

대구 습지의 비극은 계속된다. 2025년, 팔현습지에 또 다른 공사가 시작되려고 하고 있기 때문이다. 강 건너 디아크(The ARK, 4대강 사업 문화관)에서 달성습지를 잇는 다리를 놓는 사업이 진행되는 것이다. 대구시는 4대강 자전거 길을 따라 자전거 여행객이 달성습지를 밟아 다지고, 그 아래 화원유원지까지 '편안하게' 라이딩할 수 있도록 한다는 구상이다.

습지 개발의 끝은 어디일까. 인근 왕버들 숲인 경상북도 성주시 '성밖숲'(천연기념물 제403호)은 새드 엔딩의 예로 거론된다. 한때 습지이던 곳에 콘크리트 제방을 쌓고 물에서 격리해놓은 결과 숲의 규모는 확 줄어들었다. "19세기 고지형도를 보면 7만 제곱미터에 달했던 성주 왕버들 숲(성밖숲)의 크기가 1999년 3만여 제곱미터로 줄어들어 있어요. 나무도 50여 그루밖에 남지 않았고, 그마저도 전부 골병이 들어 죽어가고 있어요. 여기는 군수가 바뀔 때마다 돈을 들여 (성밖숲에) 새로 사업을 벌여요. 왕버들의 서식 특성은 전혀 고려하지 않아요. 무자비하고 반생태적인 거죠." 김종원 박사가 설명했다. 정수근 사무처장은 이를 펄떡펄떡 살아 있던 왕버들을 박제화한 결과라고 말했다.

2024년 봄에도 팔현습지에서 왕버들·버드나무·수양버들이 피운 연둣빛 꽃을 볼 수 있을까.

> 춤은 사람들만 추는 것이 아니래요. 나무들도 애타는 그리움에 봄비가 내리듯이 (…) 서글픈 팔을 벌린대요(이미자 노래, 〈춤추는 버드나무〉 중)

그 유연한 버드나무마저 떠났다

사는 곳 근처에 공터가 하나 있습니다. 한 100평쯤 될까요. 소유권 분쟁이 정리되지 않아 포장되지 않았습니다. 흙바닥이 노출돼 있습니다. 지나가던 사람들이 담배를 피우고 꽁초를 투기하자, 누군가 콩기름 통을 가져다 큰 재떨이로 쓰게 해놓은 곳입니다. 이 삭막한 땅에 4~5년부터 각종 풀과 함께 어린 나무 수십 그루가 파릇파릇 돋아났습니다. 비가 오면 빗물이 빠지지 않아 자주 물이 고여 있는 곳이기도 합니다. 한여름에는 나무들의 키가 1.5~2미터 정도까지 자랍니다. 지나는 길에 그나마 위로가 됐는데, 겨울이면 어김없이 구청에서 공공 근로를 투입해 몽땅 베어내기를 반복합니다.

이 어린 나무들은 버드나무입니다. 공터에서 300~400미터쯤 떨어진 곳에 초등학교가 있는데, 이 학교 교정에 사는 버드나무의 씨앗이 바람을 타고 날아든 겁니다. 버드나무류나 포플러류의 씨앗에는 하얀 솜털이 달려 있어 바람에 잘 날립니다. 그래서 미국에선 포플러류를 솜뭉치나무(cottonwood)라고 부릅니다.

버드나무류는 물가를 좋아합니다. 물속에 잠겨도 상당 기간 별 탈 없이 자랄 수 있는데, 버드나무들이 아스팔트로 꽁꽁 싸매어진 도시에서 빈틈을 찾아 자기가 좋아하는 서식처로 날아든 겁니다.

왕버들과 버드나무 등 버드나무류는 우리나라의 구불구불 흐르는 하천에, 그중에서도 물의 흐름이 느려져 흙과 모래가 쌓인 곳에 뿌리를 내려 살아갑니다. 물에 잠겨도 잘 살 수 있는 건 오랜 적응의 결과입니다. 뿌리가 아닌 줄기나 가지에서도 뿌리를 냅니다. 이걸 '부정근' 내지 '외래뿌리'라고 합니다. 여름에 강수가 집중되지만 겨울에는 극도로 가문 것이 우리나라 기후의 특성입니다. 이런 환경에서 하천은 물이 불었다 줄었다를 반복합니다. 부정근은 이런 불안정한 환경 변화에서도 언제든 뿌리를 내리게 돕습니다. 거센 물살에 가지가 꺾이면 떠내려가 꺾인 가지에서 뿌리를 내 그곳에 정착하기도 합니다. 통기조직도 발달했습니다. 보통의 식물들은 뿌리가 물에 잠기면 숨을 쉴 수 없습니다. 하지만 버드나무류는 내부의 빈 공간인 '통기조직'을 활용해 산소를 뿌리까지 내려보냅니다. 물에 잠긴 환경에서도 질식하지 않고 정상적인 생명 활동을 할 수 있는 비결입니다.

1960년대 여의도 개발 공사에 쓰일 골재를 마련하기 위해 폭파된 밤섬이 1985년에 다시 섬으로 떠올랐습니다. 모래톱이 쌓이고, 날아오고 떠내려온 씨앗들이 뿌리를 내렸습니다. 뿌리가 흙을 움켜쥐고 수면 아래 섬을 끄집어 올렸습니다. 밤섬에서 자라는 나무의 거의 대부분이 버드나무류입니다. 버드나무의 이런 유연한 삶을 반영하듯 이름도 '버들'입니다.

버드나무의 원래 이름은 '부드나무' 내지 '부들나무'였습니다. 뿌리나 줄기가 잘 뻗어가고 잘 휘는 특성과 관련이 있습니다. '부드럽다'나 '부들부들'과도 같은 뿌리에서 나온 말일 것으로[2] 추정됩니다.

버드나무류가 자라는 구불구불한 하천의 모습을 가장 '한국적인 것' 중 하나로 꼽을 수 있을 것 같습니다. 버드나무류를 소재로 슬픔과 이별, 눈물을 노래한 한 시도 많습니다. 그런데 지금은 버드나무류를 보기가 쉽지 않습니다. 못 본 지 꽤 오래된 것 같습니다. 〈춤추는 버드나무〉라는 노래가 나온 해가 가수 이미자 씨가 24살 때인 1965년이었습니다.

지금은 전국 어딜 가도 하천 제방에는 시멘트가 발라져 있습니다. 하천 자체도 직선화 공사로 쫙쫙 펴져 있습니다. 강원도 삼척 오십천이 대표적입니다.

'50번 구불구불 휘어졌다'고 해 오십천이라는 이름이 붙었습니다. "직선이 인간의 선이라면 곡선은 신의 선이다" 스페인 건축가 안토니 가우디(1852~1926)가 한 말입니다. 1962년 박정희 정부에서는 이 신의 걸작을 곧게 쫙 펴겠다며 시내 한복판에 있던 산을 폭파하기도 했습니다(남산 절단 공사).

아무리 유연한 버드나무라도 '시멘트 독재' 하천에선 도저히 발 디딜 수 없어 사라져갑니다. 사라진 것이 버드나무뿐인가요?

전주천 버드나무 밑동들.

11. 전주 버드나무 숲

⌃

버드나무 대량 학살사건

이른 봄, 냇가의 보송보송 버들개지(버드나무 꽃)들이 서둘러 흰색 털을 떨군다. 자세히 봐야 보이는 작고 노란, 수십 개의 꽃밥 무더기가 일제히 일어선다. 잔뜩 힘을 주었다가 터진 꽃밥들은 짝을 찾아 바람을 탄다. 봄기운이 완연한 2024년 3월 15일 전라북도 전주에는 그러나, 봄을 무색하게 하는 장면이 기다리고 있었다. 물가를 따라 버드나무 숲이 우거지고 물억새 숲이 자연스러운 하천 풍치를 이루던 우리나라 대표 생태 하천인 전주천이 버드나무 수백 그루의 밑동만 휑뎅그렁하게 남은 척박한 땅으로 변한 것이다. 이 허망한 광경을 살피던 이정현 전북환경운동연합 공동대표가 '여기 좀 보라'며 밑동 하나를 끌어안았다. 한 아름이 훌쩍 넘는다. 대체 왜 이 아까운 거목들을 베었을까.

밑동만 남은 버드나무 수백 그루

"보름 전인 2월 29일 새벽 6시 30분, 갑자기 전주시에서 버드나무 40그루 정도를 베어냈어요. 저희(전북환경운동연합)가 제보를 받고 달려온 게 오전 10시였죠. 이미 손쓸 수 없는 상태였어요. 시가 작은 나무들을 야금야금 베기 시작하기에, 2월 14일 (전주시 조례에 의한 협의·자문 기구인) 전주생태하천협의회에서 '버드나무를 그대로 두라'고 공식 의견을 냈어요. 작년(2023년) 3월에도 이미 아름드리 버드나무 260여 그루를 포함해 1000여 그루를 베어냈어요. 전주천 일대에 펼침막이 붙고 시민들 항의가 엄청났습니다. 담당 국장은 '많이 혼났다, 조심하겠다'고 했어요. 우범기 전주시장도 언론 인터뷰에서 '무차별한 벌목은 없을 것'이라 했고요. 이렇게 야음을 틈타 또 공사를 벌여 남은 버드나무까지 전부 베어버릴 줄은 정말 상상도 못 했죠." 이정현 공동대표가 말했다.

한옥마을 입구 쪽인 남천교 앞으로 가보니 줄지어 베인 버드나무 밑동들이 하나같이 깨끗했다. 그 흔한 흠집도 하나 없는 튼튼한 나무라는 방증이다. 시민들이 '학살'이라고 반발하는 까닭이다. 더 안타까운 것은 남은 밑동이 물이 잔뜩 올라 불그스름하다는 점이다. 씩씩하게 물을 빨아들여놓고도 보낼 곳을 잃고 어찌할 줄 몰라 하는 건 아닐까 싶었다. 하천으로 내리뻗은 버드나무의 무성한 잔뿌리 속으로는 물고기들이 들락거렸다. 물가가 서식처인 버드나무는 땅 위로는 새의 집이 있고, 물 아래로는 다양한 곤충과 수서생물, 물고기가 집을 짓는다.

전주시는 무슨 명분으로 이 버드나무들을 벌목했을까. 전주시 하천관리과 담당자는 최근 치수 패러다임이 '환경(보호)보다는 인명·재산이

2024년 3월 15일 전북 전주 전주천과 삼천이 만나는 두물머리에서
준설 공사가 이뤄지고 있다. 이 일대는 법정보호종 흰목물떼새와 수달의 서식처다.

더 중요하다'로 바뀌었다며, 나무는 비가 많이 오면 쓰러질 수 있어 제
방 등 하천 시설을 손상할 수 있기에 벌목이 불가피했다고 말했다. 버드
나무와 홍수 위험성의 관계를 밝히는 근거 자료가 아무것도 없다는 점,
전주생태하천협의회를 거치지 않고 독단적으로 벌목을 강행한 점에 대
해서 따져 물었다. 이 담당자는 홍수 예방이 시급하기 때문이라는 말만
반복했다. 그는 버드나무와는 아무 관련이 없는 충청북도 청주 오송 참
사(2023년 7월)까지 거론하며 홍수로 인명 피해가 나면 다 시의 책임이
된다고 했다.

남천교에서 동북쪽으로 전주천을 따라 6킬로미터가량 걸으면 삼천

과 전주천이 만나는 두물머리가 나온다. 이날 이곳엔 준설 공사가 한창이었다. 굴착기가 모래톱을 파 뒤집고 덤프트럭이 먼지를 풀풀 날리며 모래를 나르고 있었다. 이 공사도 '홍수 피해 예방'이 목적이다. 2023년 1월부터 2024년 5월까지 두 하천을 따라 13킬로미터에 걸쳐 15만 9611 제곱미터의 모래톱을 없애는 공사가 진행 중이다. 고수부지 위 안내판에 쓰인 "법정보호종 흰목물떼새가 사는 전주천"이라는 글귀가 무색했다. 강가 모래톱에 사는, 몸길이 20센티미터가량의 흰목물떼새는 과거엔 흔했지만 광범위한 준설 공사로 서식처를 잃고 현재는 우리나라에 2000마리(전 세계 1만 마리)밖에 남지 않은 멸종위기종이 됐다.

생태계를 파괴하는 명품하천

"곧 물고기 산란철이에요. 이렇게 하천의 지형 자체를 바꿔버리는 준설을 하면 강바닥에 알을 붙일 곳이 없어져요. 바닥을 긁어내니 먹이까지 사라지는 거죠. 버드나무도 베어냈으니 버드나무의 꽃과 열매를 먹는 곤충과 수서생물들의 먹이도 줄어들겠죠. 곤충과 수서생물은 물고기나 흰목물떼새 같은 새들이 먹고, 그 물고기는 수달 같은 큰 동물이 먹고 삽니다. 전주천의 생태계가 뒤흔들리는 거죠. 이걸 멸종위기종 서식처 보존 의무가 있는 시장이 사전조사나 대책도 없이 거버넌스(의사결정 체계)를 무너뜨리면서까지 '일상적인 하천 관리'라며 밀어붙인 거죠." 이정현 공동대표는 말했다.

전주시의 전주천 준설 공사 및 벌목은 지방자치단체가 하천을 관리

할 때 반드시 따르게 돼 있는 '하천기본계획'[1]과도 어긋난다. 이 계획에는 "대부분의 구간이 홍수 소통 능력을 확보하고 있다" "전 구간에 걸쳐 인위적인 하상 절취 계획은 지양하고, 최대한 자연스러운 하상 변동 양상을 유지한다"는 내용 등이 포함되어 있다.

이 때문에 전주시의 이번 준설 공사는 법 위반이라는 지적이 제기됐다. 일상적인 관리는 예외라고 전주시는 강조하지만, 이번 공사는 하천의 지형이 바뀌는 대형 공사였다. 이런 규모의 공사를 하려면 기본계획이 바뀌어야 한다. 홍수 핑계를 대려면 버드나무를 잘랐을 때와 자르지 않았을 때의 홍수위(홍수 위험이 클 때의 수위)가 얼마나 줄어들지에 대한 과학적인 근거와 구체적인 숫자를 제시했어야 했지만 전주시는 하지 않았다. 실제로 전라북도는 전주시에 대한 감사를 실시해 전주천 벌목 및 준설 공사는 위법하다는 결론을 냈다. 2024년 11월 '기관 경고'와 함께 담당 공무원들에 대한 훈계 처분을 내렸다.

이번 벌목·준설에 대해 시민사회는 우범기 시장이 재선을 위해 업적을 쌓으려고 무리하게 생태하천을 파괴하는 것이라고 본다. 우 시장은 2024년 2월 6일 '전주천·삼천 명품하천 365 프로젝트'를 발표했다. '전주천 변에 각종 문화·체육시설을 세우고' '갈수기에도 하류 쪽 물을 끌어 올려 늘 물이 가득 차 있도록 채우고' '조명을 밝게' 하는 등 현재의 자연식생을 없애야만 실행이 가능한 내용을 담고 있다.

팔순이 넘은 노교수가 한숨을 푹 내쉬었다. 하천 생태 분야 권위자인 김익수 전북대학교 생명과학과 명예교수가 말했다. "전주천 버드나무 숲은 시민들이 쉬는 공간이면서도 동시에 새들과 각종 무척추동물이 살아가는 공간입니다. 전주시는 홍수를 일으킬 수 있다는 증거도 없이 직감 같은 말만 할 뿐이죠. 이런 생태 공간에 놀이 공간과 체험 공간을 만들겠다는데 참…."

　전주천은 1960~1980년대에 극심한 오염에 시달렸다. 1999년 전주시가 물을 막아 오리 배를 띄우고 각종 편의 시설을 조성하는 '전주천 공원화'가 발표됐다. 하지만 시민단체가 막아 나섰고, 시도 전향적으로 나서 이미 설계까지 끝낸 사업을 폐기했다. 시는 2000년 '자연형 하천 조성 사업'으로 급선회한다. 시민단체와 전문가들이 동참했다. 여울과 소를 만들고 물억새·갈대·갯버들 등을 심었다. 불과 3종밖에 살지 않던 전주천 어류가 20여 년 만에 30여 종으로 늘어났다. 쉬리와 모래무지 등 1급수에만 사는 어류도 찾아볼 수 있게 됐다. 수달과 삵 같은 천연기념물까지 전주천으로 돌아왔다.

　김 명예교수가 이어 말했다. "1975년 전북대학교에 부임해 전주천을 조사했어요. 오염이 너무 심해 이대로는 물고기가 아예 사라질 수도 있겠다 싶었어요. 그런데 이제 '쉬리가 사는 도심 하천, 전주천'이라고 시민들이 자랑스러워합니다. 정부도 오염된 하천을 복원한 대표 사례라며 각종 상을 주고 많은 지자체가 와서 배워 갑니다. 화장실이 없다, 조명 시설이 없다는 불만은 늘 있었어요. 그래서 어렵게 어렵게 시민들에게 생태적 가치를 설명하고 설득하면서 곤충과 물고기를 위한 자연적인 조건을 지켜왔어요. 새 시장이 오면서 이렇게 반환경적·반생태적 공사를 밀어붙였습니다. 20여 년 노력이 수포가 되는 것 같아요."

전주천 버드나무의 수꽃. 꽃밥이 잔뜩 부풀어올라 터지기 직전이다.
버드나무는 암나무와 수나무가 따로 있는 암수딴나무다.

복원 사업 20여 년 만에 천연기념물이 돌아왔지만

이정현 공동대표도 말을 보탰다. "저 나무는 누가 심은 나무가 아니에
요. 여울과 연못을 만드니 토사가 쌓였고, 거기에 자연이 씨앗을 가져왔
어요. 바람, 햇볕, 비와 전주천이 키운 것이지요. 물의 흐름에 방해가 되지
않는 나무들이 살아남아 시민들이 곱게 키워온 건데…. 우범기 시장의 태
도를 보면 환경문제를 어떻게 대하는지 알 수 있어요. 면담 요청도 지금

껏 거부하고 있어요. 전북환경운동연합이 생기고 처음 있는 일이에요.”

"어디든 가면 있는 체육·문화시설이 아니라 전주에만 볼 수 있는 저런 아름다운 자연이 필요한 건데…. 잘려나간 나무를 보니까 가슴이 미어지네요.”(lo***)

"저렇게 아름다운 명소를 한순간에 묵사발로 만들다니…”(ea***)

"왜 대체 왜 자꾸 없애는 거며 시민들을 위한다면 왜 그들의 동의는 받지 않는 거죠?”(in***)

"동식물 보금자릴 인간 이기심으로 잃네요. 저런 눈먼 돈이 줄줄 새니 정말 필요한 저출산, 동물복지, 장애인복지 예산은 줄어드는 거겠죠?”(br***)

전주천 버드나무가 베인 2월 29일에는 "나무 수천 그루 벌목한 전주시”라는 제목의 인스타그램 포스트에 1만 개가 넘는 댓글이 달렸다. 조회 수 200만 회에 저장 수 1만, 좋아요 수 3만 7000개나 기록할 정도로 반응이 뜨거웠다. 이 포스트를 올린 사람은 전주천 주변에서 제로웨이스트(Zero Waste)* 게스트하우스를 운영하는 모아다. 모아는 이렇게 말했다. "남천교 근처에서 학교를 다녔어요. 정말 애정하는 곳이었는데, 2023년부터 나

---

* 쓰레기를 최소화하고 자원을 최대한 재활용·재사용하는 것을 목표로 하는 환경 운동. 필요하지 않은 물건을 거부하여 불필요한 소비를 줄이는 거부(Refuse), 소비를 줄이고, 필요 이상으로 구매하지 않도록 노력하는 줄이기(Reduce), 일회용품 대신 재사용 가능한 물건을 사용하고, 중고품을 활용하는 재사용(Reuse), 쓰레기를 철저히 분리하여 재활용 가능한 자원을 최대한 활용하는 재활용(Recycle), 음식물 쓰레기를 퇴비화하여 자연으로 돌려보내는 부패시키기(Rot) 등의 원칙을 실천한다.

무가 저렇게 잘리니 내가 할 수 있는 일이 아무것도 없다는 것에 무력감을 느꼈어요. 앞으로도 원하지 않는 변화가 또 일어날지 모른다는 불안감도 느껴졌고요. 애도하고 싶은 마음에 만들어서 (포스트를) 올렸는데, 저뿐 아니라 이 버드나무 숲을 소중하게 여기고 애도하고 싶은 분이 많다는 걸 알았어요. 오랫동안 그냥 뒀던 버드나무 숲을 왜 이유도 없이 베는지, 시민들을 아무것도 모르는 바보처럼 대한다고 느껴져요. 왜 시민과 소통하지 않는지. 전에 오목대 숲 벌목 때도 그렇고요. 정치가 그러면 안 되잖아요."

버드나무뿐만 아니다. 전주시는 2023년 1월에도 경관 개선을 위한다며 오목대 숲의 아름드리 상수리나무와 느티나무 40여 그루를 베어내 시민사회의 큰 반발을 샀다.

모아가 말을 이어갔다. "제가 20대 중반이에요. 사실 제 일상과 정치가 연결돼 있다고 생각 안 했거든요. 저처럼 자기 일상에 벅차서 정치에 관심을 갖지 못하는 20·30대가 정말 많아요. 이번에 (전주)시장이 바뀌는 게 내 인생에 이렇게 큰 영향을 준다는 걸 많이 느꼈어요. 저 말고도 많은 분이 공감하고요. 앞으로도 제가 잘할 수 있는 일인, 전주시 막개발 실태 알리기로 공략하려 해요."

우리나라와 중국에서는 물과 어우러지는 버드나무를 '물 고을 나무'라며 수향목(水鄕木)이라고 부른다. 겸재 정선도, 프랑스 화가 모네도 물가의 버드나무를 그렸다. 잘린 가지를 물에 띄워도 뿌리를 세차게 내려 꽃을 피우고 잎을 낸다. 물이 불어나면 부정근을 뻗어 물을 흠뻑 빨아들이는 특성 때문이다. 그래서 예부터 하천변의 치수를 위해 베지 않고

'수해방지림'으로 키웠다. 버드나무가 홍수 위험을 가중한다는 주장은 모함에 가깝다.

버드나무는 뿌리가 흙을 잡아줘서 토양 유실을 막고 홍수 때 물을 빨아들이는 일을 한다. 오히려 유속을 떨어뜨리고 하류에 유량이 넘치는 걸 막아준다. 토목건설 쪽 관련자들은 하천에 나무가 있으면 물이 범람할 때 더 위험할 것이라고 주장한다. 하지만 그런 기준이라면 각종 체육 시설이나 편의 시설도 그냥 두면 안 된다는 논리가 성립된다. 지자체와 토목건설 업체가 하고 싶은 사업은 그대로 밀어붙이면서 홍수 예방을 얘기한다. 나무를 베고 하천 바닥을 긁어내 하천 생태계를 초토화시킬 때만 '홍수 나면 어쩌냐' '사람이 다친다' 등의 논리를 들이댄다. 환경 단체나 시민사회의 비판을 무력화하고자할 때 이런 논리가 반복된다. 하지만 이런 핑계에는 과학적 근거도, 언행의 일관성이나 진정성도 찾아볼 수 없다.

각박한 세상에 고집부리지 않고 가지를 축축 내리는, 부드러운 버드나무에 끌렸기 때문일까. 빈 전주천에 사람들의 마음이 모이고 있다.

> 저물녘, 노을 진 하늘을 배경으로 서 있는
> 버드나무 한 그루
> 사람들은 알 수 없는 힘으로
> 그 밑을 지나왔던 기억을 되살린다
>
> 이홍섭, 〈버드나무 한 그루〉 중[2]

버드나무 한 잎의 향연

인간은 높낮이에 따라 지구 표면을 산, 들판, 강과 바다로 구분 짓습니다. 하지만 이런 구분은 인간의 언어 속에만 존재합니다. 인간의 망상입니다.

강-들판이 바다로 이어지는 자리엔 칠면초, 퉁퉁마디가 살며 식생을 이룹니다. 그 위에 미생물과 게나 조개 같은 무척추동물이 먹고 살면서 크고 작은 연안 동물들이 자라나고 번식합니다. 연어·뱀장어·상괭이* 같은 큰 동물들은 강과 바다에서 자유롭게 삽니다. 경계는 인간의 지도에만 존재할 뿐입니다. 남쪽 나라에선 맹그로브 숲이 똑같은 역할을 합니다. 강어귀라고도 할 수 있고 바다의 초입이라고도 할 수 있는 이 연속적인 강-바다 공간에서 맹그로브 나무들이 떨군 가지와 잎사귀 그리고 꽃을 미생물과 게와 새우 같은 무척추동물들이 부수고 분해하고 가공한 덕분에 다양한 동식물이 먹고삽니다.

산-들판-하천으로 이어지는 자리엔 버드나무가 삽니다. 버드나무 잎사귀 한 장이 냇가에 떨어지는 순간은 지상 생태계에서 만들어진 양분이 수생 생태계로 전달되는 순간입니다. 박테리아들과 균류가 잎을 구성하는 단단한 화합물(리그닌, 셀룰로스 등)을 분해합니다. 작은 곤충 애벌레 등이 잎을 잘게 부수고, 조류가 잎에서 분해된 물질을 먹습니다. 잎사귀들은 그 자체로 조개류 등 무척추동물들의 서식처가 됩니다. 그래서 물고기들이 배를 곯지 않습니다. 새들과 수달 같은 포유류도 주린 배를 채웁니다. 그렇게 수생 생태계에서 만들어진 양

---

* 우리나라 서쪽 바다와 강에 사는 작은 고래류로 등지느러미가 없는 것이 특징이다. 몸길이 최대 2미터, 몸무게 70센티미터로 돌고래보다 약간 작다. 간척 공사와 항만 공사 등으로 서식처를 빼앗겨 멸종위기 야생동물로 지정돼 있다.

분이 다시 지상 생태계로 전달됩니다. 선순환입니다.

겨울을 앞두고 버드나무가 잎을 전부 떨굽니다. 한바탕 향연이 벌어집니다. 짧은 기간에 엄청난 양의 자원, 즉 먹을거리가 폭발적으로 유입됩니다. 연어가 강물을 거슬러 올라가 산란을 한 뒤 그리고 숲속 참나무류가 열매를 떨굴 때도 축제가 벌어집니다. 이런 현상을 '자원 맥박(Resource Pulse)'이라고 합니다. 매우 드물지만(희소성) 짧은 기간 동안(간결성) 엄청난 양(고강도)의 영양분이 몰리고, 그러면서도 주기적이기 때문에 붙은 이름입니다. 한꺼번에 쏟아진 버드나무 잎사귀는 다른 먹이가 부족한 겨우내 미생물과 균류, 조류와 무척추동물이 살아가는 '생명 샘'이 됩니다. 땅을 덮어줘서 따뜻한 쉴 곳도 됩니다.

특정한 짧은 시기에 벌어지지만, 셀 수 없이 무수히 많은 생명들이 바로 이 '맥박 주기'에 맞춰 적응하고, 이 '맥박 주기'가 있어 살 수 있습니다. 상류까지 거슬러 온 연어를 북아메리카의 곰들이 먹고 살을 찌운 뒤 겨울잠을 잡니다. 주기적으로 아마존강이 범람할 때 밀려오는 양분 때문에 땅이 비옥해지고 숲이 무성해지며 물고기들이 살찌고 카피바라 같은 포유류 그리고 새들이 잔치를 벌입니다. 모두가 기다리던 시간입니다. 이 향연을 멋대로 없애버립니다. 강-바다를 강과 바다로 나눠 연어가 이동하는 길을 막아 댐이나 보를 세웁니다.

하천을 물을 담는 그릇 정도로만 바라봅니다. 산-들-하천을 산, 들, 하천으로 구분 짓습니다. 물이 담겨 있어야 할 하천에 왜 나무가 자라느냐고 합니다. 개울가 버드나무 숲을 제거합니다.

2011년 1~2월 새만금호 안에서 상괭이 250여 마리가 떼죽음을 당했습니다. 세계적으로도 유례를 찾기 힘든 일이었습니다. 강에서 바다까지의 물의 흐름을 막아 세운 새만금방조제의 혹독한 후과였습니다. 2006년 새만금방조제 공사가 마무리되면서 만경강과 동진강이 서해 바다와 끊어졌습니다. 물길이 완전히 막혔습니다. 그 5년간 갈 곳 잃은 거대한 고등 생명체가 겪었을 고통을 짐작이나 할 수 있겠습니까.

버드나무가 스스로 싹을 틔우자, 수십 년 전 사라졌던 쉬리가 전주천을 다시 찾았습니다. 인간이 도저히 이해할 수 없는 깊고 복잡한 생명 활동이었고, 인간은 도저히 재현할 수 없는 신비로운 과정이었습니다. 전주시가 이런 전주천 버드나무 숲을 벌채했습니다.

강원도 강릉시 강동면 정동2리 장군숲의 향나무.

향나무 거목 23그루가 살고 있다.

12. 동해안 향나무 숲

︿

천년의 시간표로 사는 향나무는 어디로 사라졌나

아슬아슬 곡예하듯 깎아지른 바닷가 낭떠러지를 따라 푸른 잎 무더기들이 봉긋봉긋 보였다. 한 줌 흙조차 부족해 보이는 바윗돌 위에 향나무 수백 그루가 선 듯 누운 듯 자라고 있었다. 절벽 정상부의 평평한 곳을 차지한 곰솔(해송) 무리가 이 광경을 내려다봤다. 2023년 12월 14일 오후 강원도 강릉시 강동면 심곡리의 2.8킬로미터 '바다부채길' 따라 하늘에서 두두 두둑 부슬비가 내렸다. 철제 탐방로 아래로 바위에 들이친 파도가 하얀 포말을 피워 올렸다. "울릉도 다음으로 큰 향나무 자생 군락지"(강릉시 소개 글)다. 원뿔 모양의 어린 나무가 대부분이었지만 군데군데 고목으로 커가는 제법 나이 든 나무들도 눈에 띄었다. 향나무는 어릴 땐 원뿔 모양 수형을 띠지만, 수십 년이 지나면 특유의 자유분방한 모습으로 점차 바뀐다.

경쟁에서 밀린 느린 속도

국립수목원 소속 정재민 박사 등의 설명을 들어보면 우리나라 동해안은 향나무 자생지다. 지금의 울릉도 통구미 향나무 숲(천연기념물 제48호)이 동해안을 따라 물결처럼 이어졌다고 상상해볼 수 있다. 하지만 일제강점기 목재 수탈로 1차 타격을 입었다. 이후 1960년부터 지금에 이르기까지 해안도로와 각종 시설물이 들어서는 등 대규모 개발 공사가 이뤄졌다. 2차 자생지 파괴였다. 그러다 1970~80년대 조경 붐으로 결정타를 맞았다. 주민들 얘기를 들어보면 당시 조경업자들은 아예 트럭을 대놓고서 향나무를 채취해갔다. 동해안 향나무는 그렇게 씨가 마르다시피 했다. 이제는 사람 손이 닿지 않는 가파른 동해안 절벽이나 동강변(영월·정선) 동강변 석회암 절벽 같은 곳에만 일부 남아 있다. 동해 바다 건너편 그나마 개발 압력에서 벗어나 있던 울릉도 향나무들도 위협을 받고 있다. 공항이 생기고 도로가 확장되면서 개체 수가 최근 급격히 줄어들었다. 정 박사는 2010~2011년 현장 답사를 통해 강원도 강릉시 강동면부터 경상북도 경주시 감포읍까지 향나무가 자생한다는 사실을 확인했다. 이때까지만 해도 울릉도 외에 향나무 자생지가 공식적으로 확인된 사례가 없었다. 궁궐과 학교, 사당, 마을 우물가 등에 폭넓게 심고 집집마다 제사를 지낼 때 썼던 '그 흔한' 향나무가 울릉도에만 틀어박혀 자생한다는 것이 어색하다는 지적이 많았다. 그래서 중국 도입설 등도 제기됐다. 특히 정 박사의 조사에선 빠졌지만, 2016년 군부대가 정찰길로 활용하던 바다부채길이 민간에 개방되면서 향나무 거대 군락의 존재도 주목받았다. 바다부채길의 해안단구(파도 침식에 따라 계단 모양

강원도 삼척시 원덕읍 갈남리 해안 절벽의 향나무.

으로 나타나는 지형)는 2004년 천연기념물(제437호)로 지정됐다.

흔히 '바다 나무' 하면 곰솔이나 팽나무를 떠올리지만 진짜배기는 향나무다. 턱밑에 파도를 두고 바다와 붙어 살아간다. 향나무라고 왜 여느 나무처럼 평평하고 안전한 곳을 좋아하지 않겠는가. 하지만 가파른 절벽에 매달려 살아가는 건 오직 향나무만 할 수 있는 일이다. 향나무는 자라는 속도가 느리다. 곰솔이 이미 키 큰 나무가 됐을 때, 향나무는 여전히 2~3미터 수준에 머문다. 햇빛과 메마른 흙에도 잘 견디는 건 마찬가지지만 곰솔은 평평한 능선에, 향나무는 가파른 절벽에 매달려 살아가는 이유다.

건조·추위·염분 등 각종 스트레스를 잘 이겨내고 느리게 자라는 건 향나무가 장수하는 비결이다. 우리나라에서 가장 오래 산 나무도 울릉도 도동에 있는 2000~2500살로 추정되는 향나무다. 세계에서 가장 오래된 나무인 미국 캘리포니아 화이트산맥의 4900살 브리슬콘소나무도 해발 3000미터 이상 바윗돌이 많은 건조한 지역에서 자란다.

느긋한 성격 때문인지 번식도 서두르지 않는다. 향나무 열매는 봄에 수정되어 18개월이 지난 이듬해 봄에 익는다. 연한 녹색은 그해 봄에, 검푸른 것은 한 해 전 봄에 맺은 열매다.

늪에서 건져낸 검은 돌의 정체

1997년 8월 동해시 송정동 한 가정집 뜰에서 세로 42센티미터, 가로 20센티미터 크기에 무게 25킬로그램의 '검은 돌'이 발견됐다. 소유자는 10

여 년 전(1980년대 중반) 삼척의 마읍천과 맹방해변이 만나는 합수 지대 늪에서 오석(烏石, 흑요석)인 줄 알고 이 '돌'을 수집했단다. 정항교 당시 강릉 오죽헌시립박물관장(현 강원도 문화재전문위원) 등이 조사했다. 나무가 화석화한 것으로 보였다. 표면의 부스러기를 약간 떼어내 태웠더니 은은한 향내가 났다. 이후 이 '돌'이 오랫동안 물에 잠겨 단단하게 굳은 향나무라는 사실이 드러났다. 이 때문에 이 지역 학계에서는 그동안 미스터리로 남았던 매향 의식의 실체가 수면으로 떠올랐다는 추정도 나왔다.

'매향'은 향나무 토막을 민물과 바닷물이 만나는 곳에 묻는 고려시대 의식이다. 그렇게 묻은 지 1000년이 지난 뒤 거둬들이는 향나무 토막을 침향(沈香)이라고 불렀다. 이 침향으로 향불을 만들어 미륵불에 공양을 올리는 것이 매향 의식의 목적이다. 이 침향은 동남아시아에 사는 백목향의 수지(나무에서 나오는 기름)로 만든 '진침향'과는 다르다.

정항교 전문위원은, 남아 있는 기록을 보면 1002년부터 1434년까지 10여 곳에서 매향 의식이 이뤄졌고 수천 조(條, 토막)의 향나무를 묻었다고 하나, 발견된 것은 삼척 맹방 침향 딱 하나라서, 이 침향이 매향 의식의 결과인지는 단정할 수는 없다고 하면서, 일제강점기 때 한 스님이 침향을 발견했다는 기록도 있고, 답사 때 주민들 얘길 들어보면 바닷가에서 건져낸 까만 돌을 모깃불로 썼다는 얘기도 있다고 설명했다.

지금까지 전남 영암·영광, 경남 사천, 충남 태안·당진, 평북 정주 등 전국 10여 곳에 매향 의식을 기록한 비석이 확인되었다. 향나무가 한반도 전역의 바닷가를 따라 서식했고, 과거엔 매향 의식을 치를 정도로 풍부했음을 알 수 있는 단서 중 하나다.

향나무 활용 역사가 오래됐다는 사실도 밝혀졌다. 2022년 10월 국보로 지정된 해인사 비로자나불 두 점은 883년에 제작된 우리나라 최고의 목조 예술품이다. 통향나무가 쓰였다. 또 《삼국사기》에는 927년 신라의 마지막 경순왕이 고려에 항복할 때 "향나무 수레와 보석으로 장식한 말[香車寶馬]"의 행렬이 30리(11.7킬로미터)에 이르렀다고 기록했다.

여러 매향 의식 가운데 현재 북한 지역인 강원도 고성군 삼일포에서 1309년에 치러진 것은 다른 매향 의식들과 다르다. 나머지가 민간에서 주도했던 의식인 것과 달리, 고성 매향 의식은 유일하게 왕의 대리인이 주도한 의식이었다. 지금의 도지사에 해당하는 '강릉존무사'가 의식을 집행했고, 경북 울진부터 북쪽으로 강원도 삼척·동해·강릉·양양·속초·고성과 통천(북한 지역)까지 1400조를 묻었다고 삼일포 매향비 등에 기록돼 있다.

2000년 강릉시는 강릉원주대학교 교수 등의 전문가들로 이뤄진 매향유적조사단을 꾸려 매향 의식이 이뤄진 것으로 기록된 정동진 일대를 조사했지만, 끝내 침향은 추가로 발견되지 않았다. 대신 정동진 모래시계공원에 1000년을 기약하며 향나무 토막들을 새로 묻었다.

"향나무를 묻은 곳들은 일단 향나무가 많은 곳이었을 겁니다. 아무리 미륵 신앙이 번성해도 향나무가 충분하지 않으면 묻을 수 없죠. 또 큰 하천이 아니라 작은 하천과 바다가 만나는 합수 지점이어야 해요. 그래서 강릉에서도 남대천 대신 정동천 하류가 선택된 거죠. 쉽게 유실되면 안 되잖아요. 예상 지역이 광범위해서 사실상 찾는 건 불가능에 가깝습니다. 바다 쪽인지 내륙 쪽인지, 얼마나 깊이 묻었는지 기록이 없거든요. 어쩌면 큰 태풍에 이미 다 떠내려가 사라졌을 수 있죠. 모르죠, 정말 천

년이 지난 뒤 한꺼번에 나타날지도…" 정향교 전문위원이 설명했다. 당시 묻힌 향나무가 천 년 침향이 되려면 아직도 286년이 더 지나야 한다.

정동진 향림은 누가 만들었을까

정동진 해변에서 정동천을 따라 서쪽으로 200미터쯤 올라가면 성황당 (서낭당)과 '장군숲'이라 부르는 성황림이 나온다. 500평(약 1650제곱 미터)의 작은 향나무 숲이었다. 향나무가 모두 23그루로, 가슴높이 둘레 1~2미터가 넘는 고목도 10여 그루 있었다. 모두 15미터가량 큰 키를 자랑했다. 규모로는 전국 최대로 평가받는다.

이날 제법 굵은 향나무 하나를 직접 쟀다. 밑동에서 두 갈래로 올라온 줄기의 둘레가 각각 1미터와 1.8미터였다. 향나무 고목은 한 그루씩은 있어도 이렇게 20여 그루가 향림으로 존재하는 경우는 드물다. 자라는 속도가 매우 더딘 향나무의 가슴높이 둘레가 2미터 이상이라면 300살 이상까지로도 추정된다.

장군숲이라 하는 이유는 여기 성황당에서 '삼장군'의 신위를 모시기 때문이다. 하지만 그 세 장군이 누구인지, 이곳 향림은 자연적으로 형성된 자생지인지, 언제 누가 어떤 목적으로 조성했는지 등에 대해선 아무런 자료가 남아 있지 않다. 다만 비슷한 이름의, 대구 군위 '삼장군당'에서 신라 김유신 장군을 비롯해 당나라 소정방·이무 장군을 받들고, 강릉 단오제에서 김유신 장군을 수호신으로 삼는 점 등을 미뤄 삼장군의 정체를 어렴풋이 짐작할 뿐이다.

정동2리 이장을 지낸 주민 이 씨가 말했다. "제가 10여 년 전 이장을 할 때, 강릉문화원 등에 성황당 이력을 문의했는데 남은 기록이 없다고 하더라고요. 궁금해서 저희 아버지 생전에 여쭤보니 다른 곳에 있는 성황당을 원래 숲이 우거져 있던 지금의 장소로 옮겼다고 하는데, 정확한 건 모르죠. 제가 어릴 때는 향나무가 지금보다 훨씬 많았죠. 숲 크기도 두세 배 됐고요. 숲이 우거져 있어 무서운 곳이었어요. 성황당 앞으로 오솔길이 있었지만, 마을 사람들이 그 길로 안 다니고 돌아서 지나갔어요. 학교(정동초등학교)가 들어서고, 경로당(정동2리 경로당)이 들어서고, 식당들도 생기고, 큰길이 놓이고 하면서 저렇게 줄어들었죠."

이 장군숲도 매향 의식과 연관됐을 수 있다. 정항교 전문위원이 설명했다. "향나무가 많았다고 하나, 귀하고 신성한 나무였던 것은 예나 지금이나 마찬가집니다. 수년 전에 삼척 맹방을 답사하다가 몇 사람이 앉아도 남을 정도로 거대한 향나무 밑동을 확인했어요. 주민들에게 물어보니 일제강점기 때 일본 사람들이 베어갔다고 하더라고요. 천 년을 내다보며 의식을 지내는 사람들이었다면 향나무를 완전히 베어냈다기보다, 굵은 가지만 베어냈을 것으로 보입니다. 또 후계림을 심었을 가능성도 있어. 후손도 매향 의식을 하도록 배려해야 하잖아요. 지금의 장군숲이 고려 때 조성한 후계림이거나 후계림의 후계림일 수 있습니다. 절벽에서 자란 향나무들이 하나같이 굽은 데 비해, 이 향나무들은 곧게 서 있어 조림*한 것으로 봐야 할 것 같습니다. 여기는 매향 의식이 치러진

---

* 나무를 심거나 씨를 뿌리는 인위적인 방법으로 숲을 조성하거나, 기존의 숲을 손질하거나 다시 살리는 일.

곳에서 불과 몇백 미터 거리이기도 하고요." 분명한 것은 과거엔 1000년 단위의 시간표가 있었다는 사실이다. 30년 이상 된 숲조차 노령림(늙은 숲)이라며 베어내고 새 나무를 심겠다[1]고 말하는 지금 세상과는 썩 다르다.

변화무쌍한 특별한 나무

이날 동해 추암과 삼척 궁촌·갈남·신남 등 향나무 자생 군락지를 살펴보니, 절벽에 매달린 모양새는 모두 마찬가지였다. 삼척 궁촌에서 발 닿는 곳까지 절벽을 따라 올라 향나무를 관찰하다 가시에 찔렸다. 향나무는 어린 가지에선 뾰족한 가시 같은 잎이 돋는다. 더디게 자라는 약점을 이겨내려 진화한 장치일 것으로 추정된다. 향나무류의 라틴어 이름 주니페루스(Juniperus)는 이런 바늘잎을 보고 딴 것으로 '뾰족뾰족하다'는 뜻이다. 하지만 7년 이상 된 가지는 전혀 다른 부드러운 비늘잎을 낸다. 비늘잎은 잎들이 가지를 감싸듯 올라가 덮어서 생긴 것으로, 새의 다리 표면을 덮는 비늘 같다고 해서 생긴 이름이다. 어려서 둥글둥글 순수하다가 학교와 직장 등을 통해 사회화하면서 뾰족해지는 인간과는 반대랄까. 어릴 때부터 부드러운 비늘잎을 내도록 개량된 '조경용 향나무' 가이스카 향나무마저도 너무 강하게 가지를 치면 뾰족한 바늘잎을 낸다.

향나무는 변화무쌍한 모습 때문에 다른 종으로 오해받기도 한다. 서울 창덕궁의 굽이치는 향나무와 제기동 선농단의 곧게 선 향나무는 같은 종이다. 박상진 경북대학교 임학과 명예교수가 설명했다. "원래 향나

강원도 삼척시 근덕면 궁촌리 해안 절벽의 향나무.
바늘잎과 비늘잎이 함께 돋아 있다.

무는 다른 침엽수들처럼 똑바로 자라는 나무라고 봅니다. 자연 상태에
서는 환경에 맞춰 살면서 구부러지는 거고, 식재한 경우엔 향으로 쓰기
위해 줄기를 떼어내는 등 인위적인 피해를 줘서 그렇게 구불구불해진
거죠."

이뿐 아니다. 향나무는 은행나무처럼 암나무와 수나무가 따로 있지만, 어떤 향나무는 암꽃과 수꽃이 한 나무에 함께 달리기도 한다. 이날도 주황색 수꽃이 피어난 가지 옆으로 까맣게 익어가는 열매를 단 향나무들을 확인할 수 있었다. 또 향나무류 암나무가 환경이 좋아지면 수나무로 변하거나, 환경이 나빠지면 수나무가 암나무로 바뀌는 일 등 성전환이 관찰됐다는 것이 학계에 보고됐다. 박 교수는 향나무의 가치에 대해 "다른 향 나는 식물은 꽃·열매 등 몸 일부에서 향이 나지요. 진침향도 수지에서만 향이 납니다. 하지만 향나무는 온몸에서 향이 나는 특별한 나무랍니다"라고 설명했다.

개발과 무분별한 채취 등 사람에 의해 향나무는 희귀수종(멸종 위기 취약 단계)으로 분류된다. 이런 향나무를 동해안에 다시 퍼뜨리는 건 바다직박구리 같은 새들이다. 향나무는 바닷새들과 공진화해왔다. 열매가 새의 소화기관을 통과해야 발아한다. 바다직박구리는 우리나라 해안에 분포하는 텃새다. 절벽의 틈에 둥지를 만들어 번식한다. 식생(식물)이 없는 해안 암벽을 찾아간다. 우연히 절벽 틈새에 배변하면 거기서 향나무가 자란다. 최근 동해안에 어린 향나무라도 많아진 것은 다 바다직박구리 덕분이다.

향나무 사이 낙엽진 활엽수

이날 오후 삼척 원덕읍 갈남리 해신당공원 주변 해안 절벽을 둘러봤다. 철조망 사이로 아슬아슬하게 자란 향나무가 곰솔은 물론 낙엽 진 활엽수들과 뒤섞여 있었다. 어색했다.

"향나무를 포함한 나무들은 수백, 수천 년 단위로 기후변화에 따라 북쪽으로 올라가기도 하고 남쪽으로 내려가기도, 서식 면적이 넓어지기도 좁아지기도 합니다. 그런데 지금은 전혀 다른 국면입니다. 기온이 너무 급격하게 따뜻해지고 있어요. 이동할 겨를도 없어진 거죠. 삼척 갈남의 경우 향나무만 살던 절벽에 곰솔이나 물푸레나무, 조팝나무 등이 관찰됩니다. 이제 더 갈 곳이 없어요. 지금부터라도 자생지를 제대로 보호하지 않으면 한반도에서 자생 향나무가 영원히 사라질지도 모릅니다." 정재민 박사가 설명했다.

강원도 동해시 추암해변 향나무 자생지.

향나무 그루터기에 여덟 명이 올라앉았다는데

향나무는 오래 삽니다. 오래 산다는 건 가혹하고 변칙적인 환경을 무사히 이겨 낸다는 의미입니다. 동해안 비탈의 바위틈에서 한 줌 흙에 붙어 자라는 점도 신비롭지만, 환경에 따라 성별을 바꿀 수도 있다는 점은 사고에 깊은 울림을 줍니다. 일부 사람들은 성별을 절대적인 것으로 보고 싶어 합니다. 하지만 식물들의 세계에서 이런 태도는 정말 난센스입니다. 우리가 걷어내야 할 편견이 그만큼 깊고 크다는 의미겠죠.

식물의 성별은 주변에서 쉽게 관찰할 수 있습니다. 종자식물의 90퍼센트 이상이 암술과 수술이 함께 있는 양성화를 피웁니다. 즉 남녀가 한 몸에 있다는 의미입니다. 보도블록 사이에 핀 민들레를 한번 보십시오. 나머지 10퍼센트 중 절반이 암꽃 나무와 수꽃 나무가 따로 있는 '자웅이주'입니다. 은행나무가 대표적이죠. 나머지 절반이 암꽃과 수꽃이 한 나무에서 따로 피는 '자웅동주'입니다. 느티나무가 있죠. 물론 예외도 있습니다. 이팝나무처럼 수꽃 나무와 양성화 나무가 있는 경우 등입니다.

향나무와 그 친척들(향나무속, Juniperus)은 자웅이주지만, 환경에 따라 성별을 바꿉니다. 이걸 성가소성(性可塑性, gender plasticity)이라고 합니다. 이에 대해 국외에선 다양한 연구 결과들이 나왔습니다. 극심한 추위나 더위가 식물에 스트레스를 주기 때문이라는 이론도 있고, 토양 영양소에 영향을 받는다는 가설도, 식물 건강에 따른다는 주장도 있습니다.

향나무처럼 성별을 바꾸는 나무들 중 미국 동북 지방에 사는 줄무늬단풍나무(striped maple)가 있습니다. 프린스턴대학교의 제니퍼 블레이크-마흐무드 박사는 2014년부터 2017년까지 뉴저지에 있는 숲·공원의 줄무늬단풍 467그루의 성별 변화를 연구했습니다. 그 결과 4년 동안 54퍼센트가 성별을 바꾸었고, 25퍼센트가량은 두 번 이상 성별을 바꿨다는 사실이 밝혀졌습니다. 환경이 좋을 땐 수꽃을 피웠습니다. 하지만 죽기 직전엔 75퍼센트가 암꽃을 피웠습니다. 다음 세대로 유전자를 전달하기 위해 마지막으로 노력한 것으로 추정됩니다. 어차피 죽을 거라면 다음 세대에 부모가 될 가능성이 더 높은 암나무가 되는 게 최선이고, 진화적으로 더 합리적이라는 지적입니다.[2]

향나무 자생지는 우리나라 동해안입니다. 한때 동해안에 흔하디흔했던 향나무가 이제는 드문드문 귀하게 자랍니다. 동해안 향나무를 취재할 당시 들은 얘기로는 1960~70년대 삼척 맹방해변 쪽에는 사람 여덟 명이 함께 올라앉아 밥을 먹었던 거대한 향나무 그루터기도 있었다고 합니다. 그 자리에 해안도로가 서 있습니다. 그루터기는 찾을 수도 없습니다. 꾸며낸 이야기일까요? 천천히 자라 오래 사는 향나무가 수천 년 이상 살았다면 불가능한 얘기도 아닙니다.

바위 끝에 붙어서 성별까지 바꿔가며 살아남았던 강하디강한 향나무가 사지로 내몰렸습니다. 누가 한 일입니까.

전북 군산시 옥서면 하제마을 팽나무.

13. 군산 간척지의 팽나무 노거수

⌒

파도가 왔다 사람이 떠나는, 팽나무가 지켜본 540년

우리나라 남부 지역에선 팽나무를 '포구나무'라 부른다. 해송(곰솔)만큼 짠 바닷물을 견디는 힘이 강해 포구(항구) 앞에 많이 자란다. 큰 파도를 맞아 잎이 모조리 떨어졌다가도 시간이 지나면 언제 그랬냐는 듯 무성해지곤 한단다.

키 20미터, 가슴높이 둘레는 7.5미터, 나이 537±50살(2020년 한국임업진흥원 측정). 전라북도 군산시 옥서면 하제마을의 팽나무 고목도 포구 앞 나무였다. 특유의 매끈하고 밝은 회색 수피는 여느 팽나무와 같지만, 좌우로 깊은 주름이 올올이 새겨 있다. 누가 언제 심었다는 기록은 없지만, 풍파를 견딘 세월은 분명하고 선명했다.

'하제 팽나무'의 밑동. 마치 큰 코끼리의 코 주름 같다.

섬에서 육지로, 하제마을의 지난날

"옛 지도를 보면 20세기 초까지만 해도 하제마을은 섬이었어요. 밀물 때 바닷물이 '하제 팽나무' 앞에까지 찼던 거예요. 어선 여러 척의 뱃줄이 이 팽나무에 묶여 있었을 겁니다. 배들이 파도에 이리저리 흔들리면서 오랜 시간 수피가 뱃줄에 쓸려 이렇게 깊은 주름이 생긴 거죠."

2023년 3월 8일 '하제 팽나무' 앞에서 군산 지역의 역사와 생태를 연구하는 양광희 씨가 눈앞에 철렁이는 파도를 떠올리듯 이렇게 설명했다. 양 씨는 1년가량 고지도와 역사 기록을 연구해 2021년 3월《600년 팽나무를 통해 본 하제마을 이야기》[1]를 냈다. 이 책은 그해 6월 '하제 팽나무'가 전라북도 기념물로 지정되는 중요한 근거가 됐다.

그런데 이런 거목과 함께 살았던 마을은 황량했다. '하제 팽나무' 앞 공회당(마을회관, 이후 옥봉초등학교 선연분교)을 비롯해 가옥은 대부분 철거됐다. 포장된 빈 골목길만 덩그러니 남았다. 잡목과 잡초가 우거졌다. 무슨 일이 있었을까.

'무의인도'라는 섬이었던 하제가 육지에 편입된 건 1919년, 불이흥업 주식회사[*]가 옥구군(나중에 군산시로 통합) 해안 지역에서 간척·개간 사업을 벌이면서다. 일본 자본으로 세워진 회사의 이 사업은 1923년까지 이뤄졌다. 이렇게 조성된 2500정보(약 2479만 제곱미터) 규모의 '불이옥구농장'은 죽도록 일만 하고 약속받은 임금은 제대로 못 받은 조선인 노동자 수천 명의 한이 서린 땅이다.

"어른들 얘기를 들었어요. 여기 하제항에서 나는 조개껍데기를 한 짐 짊어지고 날라서 바닥에 층을 쌓고 그 위에 흙을 또 한 짐 날라다 덮은 뒤 여러 번 물을 뿌려 짠 기운을 뺐다고요. 죽도록 고생하면서 간척했던 땅이라고요." 2023년 3월 8일 하제마을 들머리에 있는, 지금은 폐쇄된 '하제 버스 종점'에서 만난 한 부부는 이렇게 말했다. 이들은 하제마을에

---

[*] 1914년부터 일제강점기 말까지 존속한 거대 농업회사로, 조선총독부의 지원을 받아 전라북도 군산 및 김제, 평안북도 용천, 강원도 철원 등에서 간척 및 개간 사업을 벌였다. 높은 소작료와 각종 노역 때문에 수많은 소작쟁의를 불러일으킨 악덕 기업으로 유명했다.

서 나서 함께 자라 결혼했다.

하제의 전성시대는 1970년대였다. 개량조개, 명주조개로도 불리는 노랑조개 생산이 크게 늘었다. 전국 유일의 어패류 위판장이 하제에 설치되기도 했다. 조개가 얼마나 많았는지 당시 언론 기사[2]에 이런 대목이 있다. "매일 320여 척이 조업, 연간 9200여 톤의 노랑조개를 받아들이고 있다. (…) 조개껍데기가 산더미처럼 쌓여 포구가 메워지고 있어 조개잡이 어선들의 입출항이 점점 어렵게 됐다." "그때 우리 마을 버스 종점 주변에 제과점, 다방, 당구장이 있었고 술집도 세 곳이나 있었어요. 개도 만 원짜리 물고 다닌다고 그랬어요." 부부는 돌이켰다.

미군 기지 탄약고 확장하며 마을이 사라지다

1970년대 하제마을 이장을 지낸 이 씨는 "노랑조개를 해방조개라고 불렀지요. 해방되면서 갑자기 나타났다고요. 전라남도·충청남도 등지에서 일꾼이 몰려와 집집이 방 두세 칸을 세낼 정도로 사람이 많았어요. 마을 인구가 3000명이 넘어서 면 단위 인구와 비슷했어요"라고 말했다. "팽나무와 그 뒤에 할아버지 당산, 할머니 당산 앞에서 마을의 안녕을 기원하는 제사도 지내고 차례도 지냈어요. 매년 정월 대보름 전후로 풍물을 치면서 집집을 방문해 곡물과 돈을 걷는 걸궁굿을 지냈어요. 이 돈으로 마을 대소사를 치렀죠."

이후 상황은 급변했다. 2000년 하제 북쪽에 있는 군산 미군기지(공군) 탄약고가 확장되면서, 안전거리 확보 문제로 2002년 정부(국방부)

하제마을에 버려진 어선들. 한때 바다였던 곳에 잡초가 가득하다.

는 강제로 하제마을을 수용했다. 2006년엔 새만금방조제 물막이 공사
가 완료됐다. 이렇게 바다와 멀어져버린 하제항은 '어항 지정'에서 해제
됐다. 생업을 잃은 주민들은 2009년부터 마을을 떠나 뿔뿔이 흩어졌다.
664가구가 터전을 떠났다. 하제 버스 종점에서 만난 부부도 2017년에
떠났다. 현재 하제마을에는 두 가구가 철거되지 않고 남았지만, 항시 사
람이 살고 있진 않다.

　공동체가 무너진 빈 마을로 사람들을 다시 끌어모은 건 '하제 팽나무'
였다. 2018년 11월 '군산미군기지 우리땅찾기 시민모임(군산시민모임)'
이 개최한 '안녕하제 전시회'에 이재각 사진작가의 〈하제 팽나무〉 사진
이 큰 관심을 불러 모았다. "2008년 하제마을에 처음 갔을 땐 집이 빼곡

해서 팽나무가 상대적으로 눈에 덜 띄었던 것 같아요. 10년 만인 2018년에 다시 찾아갔는데, 황량하게 사라진 마을에서 오랫동안 주민들과 공존해온 팽나무만 우뚝 서 있더라고요. 존재 자체가 달라 보였어요." 이재각 사진작가의 설명이다.

1997년 군산~제주간 민항기 활주로 사용료 인상 반대 운동에서 시작해 전투기 소음, 기름 유출 등을 유발한 미군기지를 감시하는 운동으로 이어진 군산 지역 평화운동에서, '하제 팽나무 보존'이 새 이슈로 떠올랐다. 구중서 군산시민모임 사무국장이 말했다. "20여 년간의 미군기지 시민감시 활동을 평가하는 성격의 전시회를 진행했어요. 이재각 작가의 〈하제 팽나무〉 작품을 전시하면서 그간 몰랐던 팽나무의 존재를 알게 됐어요. (군산시민모임 상임대표인) 문정현 신부님이 팽나무를 보러 가자고 하셨어요. 가시더니 '팽나무 할아버지가 동네를 이렇게 다 빼앗기고 난리가 났는데 어디 가서 뭐 했느냐며 혼내시더라. 한참을 서서 울었다'고 하더라고요. 그러다 2020년에 국방부 쪽에서 하제를 미군에 공여한다는 얘기가 흘러나왔어요. '하제 팽나무'가 사라질 상황이었죠. 그해 10월에 팽나무를 중심으로 한 '팽팽문화제'를 열었어요. 2023년 2월까지 문화제를 스물아홉 번 진행했습니다. '하제 팽나무'가 하나의 평화적 아이덴티티가 된 거죠."

사라진 마을에 우뚝 솟은 팽나무

2022년 2월 군산시는 문화재청에 '하제 팽나무'를 천연기념물로 추천했다. 목재조직학 권위자인 박상진 경북대학교 명예교수가 추천서를 썼다. 나이로 보나 서 있는 위치로 보나 천연기념물로 값어치가 충분하다는 것이다. 지금은 쇠말뚝을 주로 쓰지만, 남부 지역 해안가에선 팽나무를 계선주(繫船柱, 배를 묶는 기둥)로 많이 활용했다. '하제 팽나무'는 나무 밑동이 꼬이고 비틀리고 울룩불룩하고, 나이가 들어가면서 곁뿌리가 굵게 발달했다. 여기에 몸통에는 깊은 주름까지 잡혀 있다. 이는 일제강점기 간척지로 매립되기 전 바닷물이 나무 아래까지 들어올 때 (줄기가) 밧줄에 시달리다 상처가 생기고 딱지가 앉은 아픔을 수백 년 반복한 흔적이 고스란히 남아 있기 때문으로 추정된다. 현장에서 만난 한 마을 주민도 "어른들에게 팽나무에 배를 묶었다는 얘기를 들었다"라고 말했다.

이 점 때문에 2024년 8월 '하제 팽나무'는 천연기념물로 지정 예고됐다. 국가유산청은 보도자료를 내서 "배를 묶어두던 기둥인 계선주의 역할을 하며 조선 초기부터 마을 주민들의 안녕을 기원하던 하제마을 팽나무는 마을에 항구가 생기고 기차가 들어서며 번성하던 모습부터 마을 사람들이 하나둘 떠나며 사라져간 지금의 모습까지 모두 지켜보며 하제마을을 굳건히 지켜왔다는 점에서 뛰어난 역사적 가치를 지녔다"라고 평가했다. '하제 팽나무'는 앞으로 어떻게 될까. 군산시 담당자는 "'하제 팽나무'가 유명해지면서 주한미군 쪽이 '설사 하제마을이 공여되더라도 팽나무가 훼손되는 일은 없을 것'이라고 연락했다"며 "팽나무 수관과 뿌리가 뻗은 부분까지만이라도 공여되지 않고, 시민들이 언제든 가서 감상할 수 있도록 보존하고 관리해야 한다는 것이 군산시의 입장"이라고 말했다.

이날 만난 '하제 팽나무'는 이른 봄이라 아직 잎사귀는 없었지만 하늘로 높이 뻗은 가지들이 촘촘했다. 팽나무는 오래 살고 키가 큰 나무라는 점에서 흔히 느티나무와 비교된다. 느티나무와 친척으로 오해해서 느릅나무과로 분류됐었다. 하지만 달콤한 육질을 가진 팽나무 열매(핵과)와 바짝 말라 씨앗 주변에 날개 모양의 얇은 막이 있는 느티나무 열매(시과)는 달라도 너무 다르다. 실제 2003년 DNA 염기서열 분석에 따른 분류 체계(APG)에 따라 팽나무 열매는 삼과로 분류됐다. 대마초나 맥주의 원료인 홉과 친척이라는 의미다.

팽나무의 매력 중 하나는 씨앗을 싼 내과피가 달팽이 껍데기와 같은 '아라고나이트'라는 광물질이라는 점이다. 살구나 자두 같은 식물의 내과피는 보통 목질(리그닌)이라는 점과 비교된다. 이 광물질 때문에 팽나무 씨는 새와 같은 동물의 소화기관에서도 살아남고 발아력은 더 높아진다. 떨어진 열매가 바로 싹을 틔운다면 어미나무와 경쟁하는 상황을 피하고 싶었을까, 새들을 동력 삼아 미지의 영역을 여행을 하고 싶은 기질 때문일까, 새들의 소화기관을 통과할 강한 종자만 살아남게 하려는 전략이었을까.

양광희 씨가 말했다. "'하제 팽나무'가 전라북도 기념물로 지정되지 않았다면 어떻게 됐을까요. 미군에 공여되고 길이 폐쇄되면 하제마을의 역사는 완전히 사라지는 겁니다. 그럼 이곳은 알 수 없는 유령 공간이 되는 거예요. 유령이 되는 것만은 막아야 하잖아요."

서울에서 팽나무를 만나면

서울과 도시의 새로 지은 재개발 아파트에서 어렵지 않게 팽나무 노거수들을 볼 수 있습니다. 건강하게 오래 살고, 추위와 더위에 모두 강하고, 무엇보다 옮겨 심어도 끄떡없는 팽나무가 조경 분야에서는 큰 인기입니다. 요즘은 아파트 조경에서도 팽나무가 빠지지 않습니다. 100~200살 된 팽나무 노거수 거목을 아파트 중앙에 심어서 편안하고 자연스러운 분위기를 연출하기도 하고, 30~50살 된 젊은 팽나무를 수십 그루씩 심어서 작은 숲을 만들기도 합니다. 팽나무는 주로 남부 지방에서 자라지요. 대체 이 팽나무들은 모두 어디서 온 걸까요?

2023년 7월, 제주에서 수년간 팽나무 73그루를 파내 육지로 내다 판 70대 조경업자와 공범 세 명이 검거됐습니다. 국가 지정 천연기념물인 산굼부리 인근을 비롯해 제주 전역을 돌면서 중장비를 동원해 나무를 파냈습니다. 2018년 10월부터 5년 동안의 일입니다. 이들이 내다 판 노거수 팽나무 한 그루 평균 가격은 약 7000만 원에 달했다고 합니다. 다만 수사기관이 밝힌 '73그루' '5년' 등의 내용은 범행 사실을 확인한 경우에 한해서일 뿐입니다. 실제로 이들이 임시로 훔친 나무를 보관하던 곳엔 700여 그루의 나무가 더 있었다고 합니다.

제주도 팽나무 절도는 이번이 처음이 아닙니다. 관련 기사들만 봐도 상황이 얼마나 심각한지 짐작할 수 있습니다. 2020년에도 제주에서 팽나무 66그루를 훔쳐 내다 판 80대 조경업자가 검거됐습니다. 훔친 팽나무를 옮기기 쉽도록 불법으로 진입로까지 만들었다고 합니다.

2015년에도 팽나무 여섯 그루를 포클레인으로 파내서 내다 판 60대 조경업자가 검거됐습니다. 이 사람은 심지어 같은 범죄로 수차례 벌금형 선고를 받았지만 또다시 범행을 벌인 것이었습니다.

당시 경찰은 수령이 오래된 나무들은 시장에서 고가에서 거래되는 만큼 동종 범죄가 발생할 수 있으므로 포클레인으로 나무를 캐내는 사람이 보이면 적극 신고해달라고 당부하기도 했습니다. 2006년에도 70대 조경업자가 100살이상 된 노거수 팽나무를 훔쳐서 검거됐습니다. 막을 방법은 없을까요. 감시를 강화해야 할까요? 중형을 선고해야 근절될까요?

글쎄요, 어쩌면 우리가 하는 소비가 거대한 부를 낳았고, 그 부유함이 노거수를 공급하는 시장을 만들어냈고, 그 시장이 수백 년을 살아온 고향 땅에서 노거수를 뿌리 뽑아 우리 앞마당까지 끌려오게 한 원동력이 아닐까요. 서울에서 팽나무를 만나면 부끄럽고, 미안하고, 죄스러운 마음입니다.

4.

숲에 사는 나무

서울 은평구 봉산 '편백 인공림'. 2023년 2~3월 조성됐다.
한창 숲이 우거져야 할 시기지만 나무는 제대로 자라지 못하고 있어
군데군데 흙이 드러나 폭탄을 맞은 듯한 모습이다.

14. 서울 봉산

⌃

억지 행정에 깨져버린 생태 균형

2020년 대벌레, 2022년 러브버그 등 곤충 대발생 발원지로 알려지면서 뜻밖의 유명세를 치른, 도심 속 낮은 산이 있다. 해발고도 208미터인 봉산이다. 봉산은 북한산에서 시작해 이말산·앵봉산으로부터 이어져, 남쪽으로 매봉산(상암동)과 한강으로 내달리는 서울의 주요 산줄기다. 그 산줄기가 서울 은평구와 경기 고양시를 남북으로 가르는 자연 경계가 된다. 봉산은 오랫동안 골짜기 골짜기 사람들을 품어줬다. 그렇게 늘어가는 '사람 서식처'에 샌드위치처럼 눌리고 눌려 홀쭉하게, 남북으로 긴(약 5킬로미터) 국자 모양으로 뼈대만 남아 있다. 그래도 아직까진 꽤 깊은 숲이다. 팥배나무 대규모 군락지(7.3헥타르)도 '국자의 목' 부분을 중심으로 자리 잡고 있다. 수도권에서 가장 크다. 그 생태적 가치 때문에 2006년 6월 서울시 생태경관보전지역으로 지정됐다.

뼈대만 남은 북한산 주요 산줄기, 봉산

그 맞닿은 고개 너머엔 2014년부터 10년째 은평구청이 물과 비료를 주면서 경작하는 편백 인공림 '밭'이 있다. 기존 숲을 없애고 편백을 심은 곳(6.5헥타르)과 전망대 등 편의 시설을 포함한 '편백 숲 사업' 면적은 15헥타르다. 봉산 전체(151헥타르)의 10퍼센트에 이른다. 똑같은 팥배나무라도 보전지역 밖을 나와 이곳에 오면 가차 없이 베인다. 이 변덕스러운 선 긋기를 고발해온 나영 은평민들레당 대표(봉산생태조사단원), 최진우 서울환경연합 전문위원과 함께 2024년 6월 19일 산새마을(신사동) 쪽 입구를 거쳐 봉산에 올랐다. 곤충 대발생이라는 생태계 이상 신호의 단서를 여기서 찾을 수 있을까?

"파랑새네요. 여름을 우리나라에서 보내는 여름철새예요. 제가 그저께 둥지를 확인했어요. 까치가 지어 쓰던 빈 둥지더라고요." 나영 대표가 숲 밖으로 나오는 파랑새 한 마리를 가리켰다. 산 입구에 잠시 머무는 동안 암컷 딱새가 산새마을 표지판 위에 앉아 까딱까딱 꼬리를 흔들었다. 숲 깊은 곳에서 뻐꾸기가 울고 딱따구리가 나무를 두드리는 소리가 들려왔다.

봉산은 많은 생명이 먹고 자는 왁자지껄한 삶터다. 발길을 멈춰 고개를 들고 귀를 열면 알 수 있다. 그리고 알면 사랑하게 된다. 2023년 2~3월 은평구청은 편백을 심기 위해 중장비를 동원했다. 이렇게 기존 숲을 파괴한 일을 계기로 봉산생태조사단이 꾸려졌다. 단원들은 매주 봉산에 올랐다. 2024년 4월까지 1년 2개월간 새 71종의 사진과 영상, 소리를 기록했다. 아물쇠딱따구리·쇠딱따구리·오색딱따구리·큰오색딱따구리·청딱따구리 등 건강한 숲에만 산다는 딱따구리류부터 소쩍새·솔부엉이·황조롱이·새매·새호리기 같은 멸종위기종들까지 확인했다. 먹이사슬의 상위 포식자인 새의 종 다양성을 보면, 곤충과 각종 미생물, 식물들을 비롯한 피식자들의 종 다양성 등 전체 생태계의 건강성을 짐작할 수 있다.

폭탄 맞은 듯 휑뎅그렁한 편백 숲

산 입구에서부터 갈참·신갈·상수리·굴참 등 참나무류부터 팥배나무·아까시(아카시아) 등의 넓은 잎나무들이 우거져 그늘을 만들었다. 이날 바깥 기온이 35도까지 올랐다. 그런데 그늘이 사라진 탁 트인 공간이 등장했다. 2023년 3월 '조림'했다는 산 중턱 '편백 숲'이다. 이곳은 폭탄을 맞은 듯 휑뎅그렁했다. '조림'이라는 그럴듯한 포장 안엔 '숲 파괴'의 실체가 도사리고 있다. 줄지어 심은 키 작은 편백 묘목들 사이로 참나무류, 벚나무, 아까시 등의 남은 그루터기들이 확인됐다. 현장에서 본 몇 그루의 나이테를 세어보니 5~30살 정도로 다양했다. 지름 70센티미터가 넘는 신갈나무 그루터기가 세차게 잔가지를 뻗고 있었다. 큰금계국과 개망초·미국자리공 같은 훼손되고 교란된 생태계에 들어서는 풀들이 나무의 빈자리를 차지했다.

　"여기가 (은평구에서) 서울 최초라고 자화자찬했던 편백나무 치유의 숲입니다. 환하고 뜨겁죠? 치유는커녕 스트레스가 쌓입니다." 최진우 전문위원의 말이다. 매주 봉산 모니터링을 하는 나영 대표는, 지난주에도 구청에서 제초했는데 또 이렇게 자랐다며 편백을 뺀 다른 나무의 맹아

나 어린 나무들은 다 베어버리고 있다고, 편백을 살리려고 다른 풀과 나무들을 계속 죽이고 있는 것이라고 설명했다.

최 위원이 건너편 숲을 가리키며 말했다. 25미터 키의 참나무류, 밤나무, 아까시 등이 빽빽했다. "편백을 심기 전 숲을 상상해봤으면 해요. 은평구청은 '쓸모없는 아까시'라서 벤다고 하는데, 이 산에 40~50년 전 심었던 콩과 식물인 아까시가 그간 질소가 풍부한 비옥한 땅을 만들었잖아요. 그 힘으로 참나무들이 많이 올라와 있어요. 지금은 자연스럽게 아까시가 고사하면서 참나무류와 팥배나무가 자라는 자연림으로 회복해가는 모습이죠."

서울 은평구 봉산의 편백 인공림에 쌓여 있는 기존 숲의 나무들. 편백을 살리려고 둥치가 굵은 나무들도 모두 베어냈다. 그 뒤로 편백 경작을 위한 물탱크가 보인다.

변덕스러운 산림 행정

애초 관광지 조성을 목표로 편백림을 조성했던 은평구청은 생태 파괴 논란이 뒤따르자 기후변화에 대응하기 위해 이산화탄소 흡수 능력이 떨어지는 30살 이상 아까시나무 '불량림'을 제거하고 이산화탄소 흡수 능력과 미세먼지 저감 능력이 뛰어난 편백을 심었다는 설명을 내놨다. 그런데 2023년 3월 은평구가 이 일대에서 벌채한 나무 306그루를 일일이 분석한 기후행동은평전환연대 쪽 조사 결과는 사뭇 다르다. 306그루 중에선 참나무류가 32.4퍼센트(99그루), 팥배나무가 26.1퍼센트(80그루)로 많았고, 아까시나무는 23.5퍼센트(72그루)에 불과했다. 봉산이 이미 인위적으로 심은 나무보다 자연이 키운 나무가 더 많은 천연림이 되고 있다는 사실도 확인됐다. 게다가 30살 이상만 제거했다는 구청 설명과 달리 나무 수령도 10~56살로 다양했다.

편백이 탄소를 많이 흡수한다는 것도 틀린 주장이다. 국립산림과학원 조사(2013년)를 보면, 10살 된 편백의 나무별 '탄소 순 흡수량'은 5.1CO_2톤/헥타르/년이다. 같은 연령의 상수리(11.72CO_2톤/헥타르/년), 신갈(9.0CO_2톤/헥타르/년) 등 참나무류의 절반 수준에 그친다.

그렇다면 아까시는 정말 불량 나무일까. 탄소흡수량(30년생 기준 13.8CO_2톤/헥타르/년)은 참나무 수준이다. 특히 전국에서 생산되는 벌꿀의 70퍼센트가 아까시 꽃에 의존한다. 핵심 수분(受粉)* 매개 곤충인, 다양한 종류의 나비들이 나고 자라는 터전이기도 하다. 그래서 최근 산

---

* 종자식물에서 수술의 꽃가루가 암술에 옮겨 붙는 일.

림청 주도로 일부러 심는 나무다.

이날 편백 숲 한쪽에 위장포로 쌓인 물탱크가 눈에 띄었다. 편백에 줄 물을 보관하는 곳이었다. 은평구청은 중부 지역 기후환경에 순화된 편백을 심었다고 주장한다. 하지만 이렇게 물을 줘야 한다는 건 편백이 봉산에 살기에 적절한 나무가 아니라는 증거다. "처음에는 묘목들 관리하는 데만 물탱크가 있는 줄 알았는데, 2014년에 심은 편백 쪽에도 물탱크가 있었어요. 은평구청에선 편백 활착률이 90퍼센트 이상이라고 하는데, 자생이 안 되는 나무를 가져다가 10년째 인공적으로 물을 주면서 예산을 낭비하는 거죠." 나영 대표가 말했다.

최근 봉산을 답사했던 홍석환 부산대학교 조경학과 교수는 편백림 조성 사업을 '숲 파괴이자 탄소 배출을 위한 사업'이라고 꼬집었다. 편백이 원래 살았던 곳을 보면 은평구청의 편백 식재가 얼마나 편백을 괴롭히는 일인지 알 수 있다. 일본 남부 지역의 계곡부, 그중에서도 토심이 깊고 유기물이 많고 토양습도가 높은 곳이 바로 편백의 고향이다. 어려서는 물론 커서도 음지를 더 좋아하는 게 편백이다.

봉산처럼 숲을 벌채한 황폐화한 곳에선 물통을 가져다가 물을 줘야만 겨우 죽지 않고 자랄 수 있다. 은평구청이 말하는 '기후변화 순화' 얘기도 끼워 맞추기에 가깝다. 편백은 열과 추위에 모두 약하다. 아무리 온난화라고 해도 매년 겨울 서울 등 수도권에는 영하 10도에 가까운 극한 추위가 최소 3일은 찾아온다. 편백에게는 죽을 맛이다. 나무 생리적으로도, 경제적으로도 잘못된 결정이다.

"저기 편백 하나 죽었네요." 발길을 옮기려는데 나영 대표가 길 한쪽에 있는 키 3~4미터가량의 말라 죽은 편백 한 그루를 가리켰다. 자세히 보니 2014~2018년에 식재된 편백 상당수의 우듬지(꼭대기에 돋아난 가지)가 곧추서지 못하고 한쪽으로 기울어져 있었다. 대표적인 나무의 물 부족 증상이다.

산행 길엔 러브버그가 입과 눈에 들어갈 정도로 많았다. 산등성이 탐방로를 따라 지상 1~2미터 간격으로 끈끈이 트랩들이 설치돼 있었다. 2020년 대벌레 대발생 이후 3년간 봉산에는 9200리터의 살충제가 지상·드론 방제 형식으로 뿌려졌다. 모두 '비선택 살충제', 즉 맞으면 모든 곤충이 죽는 살충제였다. 세상에 대벌레만 골라서 죽이고, 러브버그만 골라서 죽이는 살충제는 없다. 2022년엔 러브버그가 대발생하자 살충제 살포가 그 원인이라는 지적이 나왔다. 2022년 은평구청은 대안으로 끈끈이 트랩을 도입했지만 이 역시 비선택적이다. 다른 많은 곤충들과 작은 새들이 무차별적으로 이 덫에 걸려들고 있다.

은평구는 관련성이 발견된 바 없다는 이유로 편백 숲 조성과 대벌레·러브버그 대발생은 무관하다는 입장이다. 하지만 일련의 곤충 대발생과 방제 실패, 또 다른 곤충 대발생이라는 악순환의 원인을 편백 인공림 조성으로 인한 생태계 파괴로 추측하는 전문가도 많다. 홍석환 부산대학교 교수는 이렇게 말했다.

"기후변화다, 외래 유입이다, 천적이 없다 등 러브버그 대발생에 대한 다양한 이유가 나오고 있고, 이에 대한 정확한 연구가 필요합니다. 그런데 다른 곳도 비슷한 상황인데 왜 은평에만 대발생했을까요? 생태계 균형이 깨진 곳이 은평구인 거죠." 그는 이어서 곤충 대발생에 대한 대응 방식의 문제점에 대해서도 이렇게 지적했다.

모기 전문가로 유명한 이동규 고신대학교 보건환경학과 석좌교수에게도 자문했다. "생태계 균형이 깨진 건 아주 복잡한 문제인데, 공무원들 입장에선 이걸 해결할 수 있는 방법이 농약밖에 없어요. 민원이 들어오면 문제가 진짜 해결되게끔 시민들을 설득하는 것이 공무원과 연구자의 역할인데, 쓴소리가 듣기 싫으니 '벌레가 많아? 그럼 농약 쳐!'라는 단순 논리로 접근합니다. 끈끈이 트랩도 마찬가지예요. 생태계 균형이 깨지면 천적이 나타나 스스로 해결을 합니다. 끈끈이 트랩은 균형을 계속 깨트리는 방식이죠. 특히 나무를 오르내리는 곤충을 먹이로 하는 딱따구리 등의 서식에도 부정적인 영향을 미칩니다."

우포늪이나 DMZ처럼 생태계가 두꺼운 곳은 이런 곤충 대발생이 일어나지 않는다. 생태계가 풍부하지 못하고 얇은 곳에선 살충제 등을 써서 포식자들이 해를 입을 때 일부 종들의 대발생 현상이 쉽게 일어난다고 한다. 그래도 그냥 두면 천적이 많이 발생해 다시 균형을 찾을 수 있다. 조금 불편하더라도 대발생이 이뤄진 산에다가 인위적으로 농약이나 끈끈이 트랩을 처리하는 건 피해야 하는 이유다. 사실 러브버그도 1~2주면 사라진다. 하지만 사람은 기다리지 않는다. 주민들은 민원을 넣고, 언론은 늑장 대응을 지적하고, 구청은 결국 농약에 손을 댄다. 그렇게 생태계는 사람이 자꾸 개입해서 깨진다. 최근에는 살충제를 맞아도 죽지 않는 '좀비 모기'까지 등장했다고 한다. '좀비 모기'는 누가 탄생시켰을까? 누가 농약에 대한 내성을 훈련시켰을까?

시민 기만하는 그린워싱, 곤충 호텔

"무분별한 농약 사용에 시달리는 곤충들의 대피소입니다"라는 문구와 함께 편백 전망대 한쪽에는 '곤충 호텔'이 설치돼 있었다. 바로 옆에 끈끈이 트랩이 설치된 흔적이 남아 있었다. 최진우 전문위원이 말했다.

"은평구청이 여기에 곤충 호텔을 만든 건 위선이고 가식이고 그린워싱이죠. 곤충을 학살·박멸한다고 온갖 방제를 했잖아요. 수년간 편백을 심겠다며 곤충들의 집인 숲을 파괴했어요. 지난주까지만 해도 끈끈이 트랩이 감겨 있었어요. 곤충들을 쉬게 해주는 호텔이 아니라 곤충을 죽이기 위해 속이는 트랩인 거죠."

나영 대표도 말을 더했다. "이게 다 구민 세금으로 만들어졌다는 점이 가장 큰 문제입니다. 구민들이 자기가 죽이는지도 모르고서 나비와 무당벌레, 애벌레를 죽이는 데 일조하도록 하는 겁니다."

중간중간 보이는 안내판에는 산림 내 금지 행위 목록이 적혀 있었다. "나무를 훼손하거나 말라 죽게 하는 행위" "심한 소음과 악취 등 혐오감을 주는 행위" 등이었다. 나영 대표가 말했다. "정말 모순적이죠. 시민은 못 하지만 구청은 나무를 훼손하거나 말라 죽게 할 수 있다는 거죠."

팥배나무 군락지로 가는 길목에서 굉음이 들렸다. 숲 한가운데에 꽃잔디(지면패랭이) 밭이 만들어져 있었다. 탐방로가 차단된 채 물을 주기 위한 급수 모터가 돌아갔다. 기름 냄새도 났다. 스프링클러가 돌아갔고, 노동자 열 명가량이 이 밭을 돌봤다.

"한 달 전부터 쭉 보고 있는데, 거의 매일 물을 줍니다. 여기가 돌밭이거든요. 햇빛이 이렇게 강하니 꽃잔디가 말라버려서 매일 물을 줘야 한

서울 은평구 봉산의 팥배나무 잎과 열매.

다고 해요. 기존에 있던 참나무·아까시는 왜 벴을까요? 편백을 심으려다 토질이 안 맞아서 못 심었다고 현장 노동자들은 설명하는데 구청에선 제대로 설명을 안 합니다. 그래놓곤 여기에 포토존을 만든다고 하네요." 나영 대표가 이어 말했다.

2018년 서울시의 〈봉산 생태경관보전지역 정밀 변화 관찰 연구〉 결과를 보면, 팥배나무 숲 보전을 위해 '샛길 통행 금지' '현명한 이용 방안 마련' '시민과 협력한 지속적인 모니터링 실시' '보전지역 확대 지정' '불법 경작 금지' 등을 제안했다.

당시의 제안은 어느 것 하나 실현된 것이 없다. 은평구청은 2021년부터 장애인도 이용할 수 있도록 하겠다는 취지로 기존 탐방로 바로 옆에 데크 길 공사(2026년까지 9.8킬로미터 구간 대상)를 벌이고 있다. 심지어 훼손이 엄격하게 금지된 생태경관보전지역 일부에도 데크 길을 깔고 팥배나무 등을 베어내기도 했다. 행정 착오였다는 게 은평구청의 설명이다.

김미경 은평구청장은 "나무를 베는 일이 가혹하게 여겨질 수 있다. 하지만 주민에게 이득이 되고 은평의 가치를 높이는 사업을 추진하는 것이 구청장의 역할"[2]이라고 강조했다. 인공 숲과 데크 길이 정말 가치를 높여줄까.

돈, 시간, 사람 퍼부으며 자연을 훼손하다

하산 길에 숭실중고등학교 뒤쪽에 2014년에 조성했다는 편백 인공림을 살펴봤다. 남은 편백이 한 20퍼센트는 될까. 남쪽 비탈이라 볕이 뜨겁고 메마른 탓에 상당수가 고사했다. 자세히 봐야 보일 정도로 이미 참나무류와 아까시가 지주목에 의지해 있는 편백보다 키가 커져 있었다.

나영 대표가 말을 이었다. "2~3년 그냥 두면 원래 모습으로 돌아갈 텐데, 구청에서 주기적으로 와서 편백 외 다른 나무들은 솎아버려요. 잘못을 인정하고 복원하면 되는데, 자기 사업이 틀리지 않았다는 걸 입증하려고 돈, 시간, 사람을 퍼붓는 거죠."

미국 동부가 원산지인 아까시(로비니아속)는 130년 전 도입돼 황폐해진 우리 숲을 푸르게 하고자 1960~1980년대에 전국적으로 식재됐다. 그러면서도 외래종이라고 배척받았다. 10여 년 전부터는, 흔하게 불리던 '아카시아'라는 이름을 부르는 일도 드물어졌다. 남아프리카와 호주 등에 주로 사는 '진짜 아카시아(아카시아속)'와는 사는 기후대가 다르고, 학술적으로 부를 때 헷갈린다는 학자들의 정정 요구 때문이었다.

사실 이 둘은 가시가 달렸다는 점만 같다. '진짜 아카시아'는 잎과 꽃이 아까시와는 전혀 다르다. 오히려 자귀나무와 닮았다. 잎 모양은 회화나무와 더 닮았다. 중국에서는 아까시를 '가시가 달린 회화나무'라고 해서 자괴(刺槐)라고 부른다.

이날 일행들 사이에서 '아카시아 이름 찾아주기 운동'이라도 벌이자는 의견이 나왔다. "아카시아가 아까시가 되더니 그 나무가 주는 옛 정취와 추억들, 충분한 고마움과 낭만까지 거세돼버린 느낌이 들어요. 되도록 아카시아라고 부르고 싶어요." 최진우 전문위원이 말했다. 한국전쟁 시기 실향민들이 불렀다는 노래로 '아카시아'란 이름을 한 번 더 불러본다.

고향 땅이 여기서 얼마나 되나
푸른 하늘 끝닿은 저기가 거긴가
아카시아 흰 꽃이 바람에 날리니
고향에도 지금쯤 뻐꾹새 울겠네

윤석중 작사, 한용희 작곡, 〈고향 땅〉 중[2]

봉산 편백림은 이렇게 서울 은평구청 공원녹지과 직원들이
수시로 돌봐주지 않으면 스스로 살 수 없는 경작지, 즉 밭이다.

위대한 개척자를 위하여

아카시아(아까시)는 미국 동부 내륙 지방이 고향입니다. 라틴어 이름은 '가짜 아카시아(pseudoacacia)'지만, 사실은 '진짜 아카시아'와는 전혀 다릅니다. 우리가 사는 위도 부근에서는 '진짜 아카시아'가 살지 않아 헷갈릴 일도 없습니다. 뭐가 진짜니 가짜니 하는 이야기들이 고담준론 같아 보입니다.

우리나라에 사는 식물들 중 그나마 '진짜 아카시아'와 가장 비슷한 걸 꼽자면 자귀나무 정도가 될 것 같습니다. 이 둘은 같은 미모사 가문입니다. 우리가 아는 아카시아와 얼마나 다른지 비교해봅시다. 자귀나무는 자잘한 깃털 모양 잎들(길이 2~3센티미터, 너비 1센티미터)이 모여 '중간 깃털 잎'을 이루고 이 '중간 깃털 잎'이 모여 길이 30~40센티미터의 '큰 깃털' 잎을 이루는 복잡하고 화려한 잎 구조가 특징입니다. 꽃도 화려합니다. 머리카락처럼 가느다란 분홍빛 수술들이 머리카락처럼 촘촘하게 모여 있는 게 특징입니다.

이에 비해 아카시아는 타원형 잎들이 모여 커다란 타원형 잎을 이루고 있어 자귀나무와 비교해 훨씬 단순한 모습입니다. 다만 수수한 하얀 꽃은 나풀나풀 나비 한 마리처럼 아름답습니다. 그 향과 맛은 아시죠? .

아카시아는 햇빛이 풍부하고 토양이 건조한 지역, 즉 인간에 의해 생태계가 교란된 지역에서 잘 자랍니다. 19세기 후반 우리나라에 도입된 아카시아를 전국 어디에서나 어렵지 않게 볼 수 있는 이유입니다. 우리나라뿐만 아닙니다. 전 세계 온대 지역 곳곳에 아카시아가 퍼져 있습니다. 더욱이 아카시아는 꽃을 피우고 열매를 맺어 번식하는 일반적인 방식 외에도 잘린 뿌리가 새로운 나무로 성장하는 특별한 능력을 지니고 있습니다.

이렇게 생식 능력이 왕성하다고 해서 다른 나무들이 자라는 걸 방해하는 건 아닙니다. 오히려 아카시아는 다른 나무들이 잘 자라도록 돕습니다. 서울 봉산에서도 참나무류, 밤나무, 팥배나무 등등이 아카시아와 어우러져 잘 자랐습니다. 아카시아는 질소고정박테리아와 공생하며 대기 중 질소를 땅속에 고정해 그 일대를 비옥하게 바꿔놓습니다. 물과 양분을 찾아 공격적으로 뿌리를 뻗어나가는 바람에 흙을 단단하게 잡아줍니다. 그 덕분에 토양 침식이 방지됩니다. 이렇게 훼손된 곳을 살기 좋은 땅으로 바꾸어 다른 식물들을 불러들이는 식물들을 '개척종' 또는 '개척자 종'이라고 합니다. 아카시아가 바로 대표적인 개척종입니다. 이 위대한 개척자에게 훈장이라도 주고 싶습니다.

아카시아가 고향을 벗어나 유럽으로 이주한 건 17세기 무렵 유럽 사람들에 의해서였습니다. 1601년 프랑스 르네-비비아니 광장에 심긴 아카시아가 유명합니다. 파리에서 가장 나이 많은 나무 중 하나입니다. 제1차 세계대전 때 포탄으로 위쪽 가지가 손상돼 '목발'을 짚고 있지만, 여전히 많은 사람들의 사랑을 받고 매년 꽃을 피웁니다. 우리나라 전문가들은 아카시아가 40~50살만 돼도 늙어서 쓰러질 수 있다며 베어내야 한다고들 합니다. 대체 무슨 차이일까요. 우리나라에도 100살이 넘는 아카시아가 있습니다. 매우 매우 드문 일입니다. 경북 성주에 있는 '130살 지방리 아카시아'입니다.

아까시 대신 아카시아로, 고마운 아카시아에게 고운 이름부터 되돌려줬으면 합니다.

경기 고양시 일산동구 산황산 숲의 무연고 묘터. 석물이 기울어져 있다.

15. 고양 산황산

⌃

산 깎고 골프장 지어 자연을 살리겠다는 모순

"저게 뭐로 보이세요?"

2024년 4월 19일 오전, 경기 고양시 일산동구 산황산 능선에서 조정
고양환경운동연합 의장이 우거진 숲속을 가리켰다. 흙을 둥글게 쌓아
올린 무덤이었다. 아니, 한때 무덤이던 흙더미였다. 그 위로 풀과 키 작
은 나무들은 물론 가슴높이 둘레 50~80센티미터 참나무류와 산벚나무
등이 이미 15미터 이상으로 장대같이 자라, 잎과 가지로 하늘을 나눠 갖
고 있었다. 이날 수십 곳에서 이렇게 자연으로 되돌아온 '무덤 흔적들'을
확인했다. 동쪽의 비탈 쪽으로 발길을 옮겼다. 이름난 집안이었을까. 넘
어질 듯 기울었지만, 문인석(文人石)* 등 석물들이 놓여 있었다. 나무 나
이로 볼 때 자손이 발길을 끊은 지 50년은 넘었을 터였다. 둘레가 1미터

---

* 조선시대 양반 사대부의 무덤 앞에 무덤을 수호하는 의미로 세운 돌조각. 문인석에
는 조정(朝廷)에 나아갈 때 입던 제복인 공복(公服) 차림을 하고 작은 판인 홀(笏)을
두손으로 쥔 모습이 새겨져 있다.

가까이 되는 아름드리 거목으로 커가는 신갈나무가 무덤 한복판에 똑바로 섰다. 문인석과 무인석의 눈, 코, 입은 마모돼 있었다. 해발고도 56미터의 나지막한 산황산 숲은 꽤 깊었다. 겉보기와 달랐다.

골프장 VIP 회원권 받은 고양시 공무원

사실 면적 49만 9000제곱미터(약 15만 평)의 산황산 북쪽 절반(24만 4000제곱미터)은 골프장(스프링힐스, 2010년 준공)이 차지하고 있다. 북쪽 절반은 마을이 없는 쪽이다. 주민 임 씨는 공사가 시작되기 전까지 인근 주민 누구도 골프장 공사를 위한 절차가 진행되고 있다는 사실을 몰랐다고 했다. 2011년 골프장 쪽이 총 100여 가구 마을들이 분포해 있는 산황산 남쪽 자락으로 골프장을 넓히겠다는 계획을 밝히면서 상황이 달라졌다. 고양시는 골프장 쪽 요청에 도시관리계획을 변경(2014년 7월)해주며 화답했다. 산황산이라는 산 자체를 통째로 없앤다는 계획에, 그간 골프장 농약 사용, 야간 조명 문제로 불만이 고조돼 있던 인근 주민들이 크게 반발했다. 고양환경운동연합도 문제 제기에 나섰다. 주민들은 골프장 경계가 안방 벽에 닿는 위협을 했다. 18홀을 수용하기에는 산 면적이 좁아서 주택 벽까지 경계를 넓히도록 무리하게 설계됐기 때문이다. 2015년 1월 주민과 시민단체들이 범시민대책위원회(범대위)를 꾸렸다. 2018년 12월 고양시청 앞에서 3년 6개월 천막 농성을 벌였다. 조정 의장은 17일간 단식투쟁을 하며 맨 앞에 섰다.

그러던 중 2016년 골프장은 투자 실패 등으로 부도를 맞았고 법정관리에 들어갔다. 이 과정에서 김아무개 골프장 대표와 조아무개 고양시 과장이 뇌물 1750만 원(6년치 회원권)을 주고받은 일이 밝혀졌다(2019년 뇌물 공여·수수 모두 유죄 확정). 대형 토착 비리로 불거질 조짐도 보였다. 조 과장이 자신 외에 돈 받은 공무원들이 더 있다고 법정에서 폭로했지만 수사는 거기까지였다. 2023년 7월 고양시는 자금 조달 능력 의심 등의 이유로 골프장 증설 관련 실시 계획 인가에 대해 미승인 결정을 내렸다. 10년간 이어진 시민 저항 운동의 승리였다.

그런데 2024년 3월 골프장 쪽이 다시 환경영향평가 초안을 제출했다. 고양시는 '법대로 한다'는 방침이다. 시계는 10년 전으로 되돌려졌다. "여기가 그린벨트(개발제한구역)예요. 개발이 엄격하게 제한된 곳이잖아요. 그런데도 어떻게 숲을 없애고 골프장 공사를 한다는 줄 아세요?" 조정 의장이 이어 말했다. "산황산이 훼손돼 보존 가치가 낮아서 그린벨트 역할을 못 하기 때문에 골프장을 만들어서 '도시 내 녹지 기능 유지 및 훼손된 기존 자연 경관 복원'[1]을 한다는 거예요. 그게 골프장 쪽이 밝힌 사업 목적이에요. 이 숲이 골프장을 만들어야 할 만큼 훼손됐다고 보이세요?"

골프장 지어 숲을 보존하겠다는 지자체

안정적으로 발달한 숲이라는 증표인 참나무류가 무리 지어 자라 하늘을 덮고 있었다. 방석처럼 폭신한 낙엽층은 바닥을 덮고 있었다. 그 아래 곤충과 곰팡이가 살아 숨 쉬는 비옥한 부식토가 어린 풀과 나무를 부지런히 키워낸다. 기초가 탄탄하니 최상위 포식자인 솔부엉이·황조롱이·새매가 산황산을 찾아준다. 이날 가슴높이 둘레가 2미터를 훌쩍 넘는 상수리나무 등의 어머니 나무*들도 중간중간 확인할 수 있었다. '훼손됐다'는 서류상의 활자가 발붙일 곳은 없었다. 골프장 쪽 서류에 도장을 찍어준 관료들은 이 숲을 다녀봤을까.

홍석환 부산대학교 조경학과 교수와 최진우 서울환경연합 전문위원은 '범대위 의견서'를 통해 "산황산 계곡부 등에 분포한 갈참나무·상수리나무 군락은 자연성이 매우 높은 30~50년 된 식생이다. 함부로 길을 내거나 일부러 나무를 베어낸 흔적이 있지만 이런 훼손된 부분은 극히 일부분에 지나지 않고 대부분 지역은 좋은 토양을 기반으로 빠르게 회복되고 있는 우수한 도시 숲으로 판단된다. 이런 곳을 거의 잔디로만 이뤄진 골프장으로 개발하도록 용인하는 건 고양시장이 개발제한구역법을 위반하는 것"이라고 지적했다. 개발제한구역법은 '도시의 무질서한 확산을 방지하고 도시 주변의 자연환경을 보전해 도시민의 건전한 생활환경을 확보'하기 위해 존재한다. 이 의견서 말고도 골프장 건설에 반대하는 700여 명의 시민이 각자 의견서를 써서 힘을 보탰다. 별다른 알림도 없이 동사무소 한편에 비치해놓은 환경영향평가서 초안을 시민들이

---

* 숲에서 가장 크고 나이 많은 나무. 숲 생태계에서 중심 역할을 한다. 다른 나무들과 균근네트워크(나무뿌리에 공생하는 균류들이 영양분을 공유하는 네트워크)로 연결돼 생태계의 건강과 지속 가능성을 유지하는 숲의 심장 같은 존재다. 최근의 생태학 연구에서 주목받고 있다. 어머니 나무의 넓은 수관은 강한 햇빛, 바람, 서리로부터 어린 나무들을 보호한다. 또 어머니 나무의 나무껍질 틈, 구멍, 낙엽층은 곤충과 새들, 포유류의 서식처가 된다. 어머니 나무를 벌목할 경우 숲의 회복력이 급격히 떨어진다.

알음알음 찾아와 보고 골프장 건설의 문제점을 한 땀 한 땀 적어서 범대위로 보내왔다.

하지만 골프장 공사의 시작점이었던 '훼손된 그린벨트'라는 꼬리표는 10년째 떨어지지 않고 있다. 서류와 행정의 힘이다. 핵심 근거는 무덤들이었다. 국토교통부 중앙도시계획위원회가 개발제한구역 관리계획 변경에 대해 2013년 6월 "양호한 산림"(불승인)이라고 판단했다가 6개월 뒤 "훼손된 산림"(승인)이라고 결정을 바꾼 핵심 근거 중 하나가 골프장 쪽이 낸, '산황산에 약 700개의 무덤이 있다'고 한 의견서였다.

"원점부터 잘못됐어요. 범대위와 주민들이 산황산을 샅샅이 뒤져서 무덤을 셌어요. 모두 127개가 있었고, 대부분 산자락에 있어서 산림 훼손과 관계없는 문중 묘들을 제외하면 대개 지금 보신 것처럼 30~50살 된 나무가 자라는 등 재자연화되고 있는 무연고 무덤이었어요. 자손들이 돌보는 묘는 20여 기밖에 안 되더라고요." 조정 의장이 말했다.

산황산 중턱, 1.5미터가량 높게 돋은 무덤 6기가 모인 한 가족 묘 터에 가보았다. 상석에 지금의 차관급 정도에 해당하는 조선시대 동중추(同中樞, 종2품) 벼슬을 지낸 사대부 집안이었다는 내용이 적혀 있었다. 상수리나무·신갈나무·산벚나무·단풍나무가 어우러진 숲의 일부분이었다. "귀족 가문 같은데 자손이 끊겼는지 어떤 사정이 있는진 모르지만, 참 무상하죠. 이런 어린 나무들은 10년 전에 왔을 땐 안 보였는데 이렇게 컸어요."

산황산의 북쪽·서쪽 일대는 대규모 아파트 단지가 즐비하다. 가까운 단지는 불과 600미터 거리다. 병원과 학교 등 공공시설이 밀집해 있는 중앙로(일산동구)와도 1.8킬로미터 거리다. 특히 남동쪽에는 고양·파주

산황산 숲 무연고 묘터. 10~30년 된 참나무와 산벚나무가 자라고 있다.

시민들의 마실 물을 제공하는 노천 고양정수장이 있다. 계획된 골프장까지의 거리는 불과 296미터. 시민들이 가장 우려하는 대목이다. 이에 대해 골프장 쪽 관계자는 "50센티미터 높이 아래로 뿌리는 농약이 어떻게 그렇게 멀리 날아가나. 그 사이에 고속도로(수도권제1순환도로)까지 있다. (범대위가) 억지를 쓰는 것"이라고 목소리를 높였다.

그러나 전문가들의 설명은 다르다. 독성생태학을 연구하는 한광용 박사의 설명을 들어봤다. 농약은 물에 섞지 않고 고체로 써도 휘발되기 때문에 분산되기 쉽다. 건조할 땐 기포 형태가, 습할 땐 물방울 형태가 만들어져서 공기 중을 떠다니다 내려앉게 된다. 정수장은 밀봉된 상태가 아니고, 특히 산황산 주변 지역은 하천(도촌천)과도 가까워 안개가 자주 끼기 때문에 더욱 위험하다. 또 도로들이 주변을 포위하듯 돼 놓여 있어 공기가 돌면서 정수장으로 농약 성분이 떨어지기 아주 좋은 조건이다. 가까이 사는 주민들은 매일 이런 성분을 들이마시게 될 수 있고, 빨래를 밖에 널면 침전된 성분이 피부를 통해 흡수될 수도 있다고 한다. "(이미 지어진 골프장이 있으니) 인근 주민들을 조사해보세요. 골프장이 들어서고 암, 기관지염, 소화기 문제, 피부 질환, 심혈관 질병 등이 늘었을 겁니다." 한 박사가 당부했다.

한 박사는 골프장을 '녹색 사막을 만드는 일'이라고 표현했다. "전 세계적으로 기후 문제에 어떻게 접근할지 놓고 고민하면서 자연만이 할 수 있는 역량을 키워서 생물다양성을 높이는 것이 가장 중요한 문제로 떠올랐습니다. 생물다양성을 가장 해치는 것이 골프장처럼 모노톤(monotone)으로 한 가지 식물만 키우는 거예요. 또 우리나라 기후·토양과 안 맞는 외국 잔디를 키우려면 비료 주고 농약을 듬뿍 뿌릴 수밖에 없어요. 바닥에 초록색 페인트를 칠하는 것보다 못하죠." 스프링힐스는 2020년 기준 전국에서 가장 농약을 많이 치는 골프장으로 지적되기도 했다.[2]

골프장의 사업적 가치는 지나치게 높게 계산하면서 숲의 공익적 가치는 제대로 평가하지 않는 법·제도적 문제점도 지적됐다. 도심 녹지가 많지 않은 고양시에 산황산 골프장이 들어서지 않았을 때의 가치를 새로 계산해볼 필요가 있다. 나무의 뿌리가 발달해 있는 숲이 토양 속에

경기 고양시 일산동구 산황산 숲 북쪽의 스프링힐스 골프장.
골프장은 잔디 한 종만 키우는 '녹색 사막'이라는 지적이 나온다.

물을 저장했다가 도심 열섬 등 기후를 조절하는 기능을 계산했을까. 생물다양성 보존 기능과 교육 기능은 포함됐을까. 도심 가까이 있는 숲속에서 체험을 통해 생태적으로 살아가는 기회를 배울 수 있다는 것이 얼마나 큰 가치인지 이해하고 있을까. 산림청 산림과학원도 산림의 공익 기능 가치를 '2020년 기준 1인당 연간 499만 원'으로 추정한다.

　이런 생태·윤리적 우려 때문에 범대위는 고양시장에게 '골프장 건설이 가능하도록 한 고양시 도시관리계획을 직권 취소하라'고 요구하고 있다. 골프장 인근 중앙하이츠아파트 동대표 윤 씨는 이렇게 말했다.

"밖에서 숲을 봐도 그렇고, 숲에 들어가 봐도 알게 됩니다. 산황산은 고양시 한복판에서 허파 같은 역할을 하는 곳입니다. 스프링힐스는 산을 없애고 골프장을 짓는 게 공익 시설인 것처럼 포장하는데, 정수장 문제를 해결하는 게 공익에 부합하는 일 아닌가요? 아무리 골프 치는 사람이 늘었다 해도 고양시에는 이미 골프장이 11개나 됩니다. 이런 숲은 일부러 만들 수도 없는 거잖아요. 고양시장은 신규 골프장뿐 아니라 나아가 기존 골프장도 취소해야 마땅하다고 생각합니다." 이런 주장에 고양시는 '적법하게 하겠다'는 원칙만 강조한다.

도시관리계획 변경은 가능하다. 국토부 도시계획 파트 담당자는 '일반론'이라고 전제한 뒤 "고양시가 생태적 가치가 바뀌었다는 등의 이유로 심의를 요청하면 내용에 따라 중앙도시계획위원회에서 얼마든지 심의할 수 있다. 계획을 세우는 주체는 지방자치단체"라고 말했다. 직권취소도 가능하다. 2012년 송영길 당시 인천시장은 생태적 가치 등의 공익을 근거로 롯데건설의 계양산 골프장 공사 관련 도시관리계획을 직권취소하기도 했다. 이에 대해 롯데 쪽이 소송을 제기했지만 2019년 대법원은 인천시의 손을 들어줬다.

이날 숲을 빠져나오고 보니 상수리·갈참·신갈 등 참나무류의 노란 꽃가루가 붙어 노랗게 물든 구두가 눈에 들어왔다. 마침 하이킹을 나온 서울 주민들을 만났다. "산황산은 역(곡산역)과 가깝고 북한산처럼 사람이 많지도 않은데 숲이 좋아요. 자주 와요. 여기에 왜 골프장을 세워요?" "어휴, 농약 많이 칠 거 같은데…."

산황산(山黃山)이라는 이름의 연원은 정확하지 않다. 다만 참나무 일가 중에서 단풍이 유독 노랗게 멋스러운 갈참나무가 많은 이 산의 가을

경기 고양시 일산동구 산황산 숲의 아름드리 상수리나무.
가슴높이 둘레 2미터가 넘는 거목이다.

색을 표현한 게 아닌가 짐작된다. 한 가지 확실한 건 아주 오랫동안 주민들은 산황산에 신이 산다고 여겼다는 사실이다. 산황산 서쪽 입구에는 당젯말(당점말)이라는 마을이 있다. 음력 시월 보름마다 산황산 산신에게 당제(마을신에게 지내는 제사)를 모시는 마을이라 붙은 이름이다. 700살 된 웅장한 느티나무도 이 마을에 버티고 있다. 조선조 개국 때 무학대사의 지팡이가 변해서 된 나무라는 전설이 전해진다. 굽이치며 가지를 뻗은 모양이 용의 뿔을 닮았다고 해서 '용뿔나무'로 불린다. 산황산과 함께 이 마을을 지키는 수호신이다.

60년 전에 결혼해 당젯말에 온 이 씨는 이렇게 돌이킨다. "그때는 뭐 산에 나무도 많고 동네는 조금 작아도 사람들 인심이 좋았죠. 지금은 골프장 문제로 갈려서 옛날하고는 딴판이지."

'사람 길'을 줄이는 사람들

'산황산 지키기 운동' 10년간 가장 달라진 건 주민들이 산황산을 다시 보고 더 아끼고 존중하게 됐다는 점이다. 이날 산황산 '사람 길' 곳곳에서 명찰을 단 산딸나무·주목·라일락 등과 마주쳤다. 마구잡이로 나 있어 숲을 훼손하는 '사람 길'을 좁히고 줄이고자 해마다 시민들이 심은 나무들이다. 함께 운동을 벌여온 일산나들목교회의 유형석 목사가 말했다.

"어린아이들에게 좋은 지구환경을 물려주는 건 절실한 문제지요. 주변의 작은 산 하나를 지키는 것부터 시작하려고 교인들과 소통하고 있습니다. 개발로 생명을 죽이는 일에 반대하고, 나무를 훼손해 숲의 가치를 떨어뜨리며 이익을 얻는 일에 저항하기 위해 나무를 심고 있습니다. 골프장을 만드는 건 숲에 깃든 모든 생물을 전부 죽이는 일이라는 게 명약관화하잖아요. 10년 가까이 걸린 싸움을 다시 시작하게 된 셈인데, 그리스도인의 사명이라 생각하고 시민과 다른 교회와 연대하려 합니다."

보호수라는 뻔뻔한 거짓말

2024년 말 기준, 전국 각지에 1만 3870그루의 '보호수'가 있습니다. 산림보호법에 따른 '보호'를 받는데, 이 법은 보호수를 "역사적·학술적 가치가 있는 노목(老木), 거목(巨木), 희귀목(稀貴木) 등으로서 특별히 보호할 필요가 있는 나무"라고 정의합니다. 수백 년을 살아온 나무는 한 마을의 주민들이 치성을 올리는 당산나무로, 사람들이 모여서 쉬고 놀고 이야기를 나누는 정자나무로 커왔습니다. 이렇듯 많은 이야기가 담겨온 나무 한 그루는 주변 생태계와도 깊고 오랜 관계를 맺어온 소중한 유산입니다.

경의중앙선 곡산역에서 북동쪽으로 걸어서 20분 거리, 경기도 고양시 산황산에 둘러싸인 경기도 보호수 1호 '용뿔나무'(느티나무)를 찾았습니다. 키 11미터에 가슴높이 둘레는 11미터이고, 나이는 700살로 추정됩니다.

밑동부터 뻗은 두 갈래 몸통에서 줄기와 가지가 남북 방향으로 30미터 이상 길게 뻗어 있습니다. 그 흐름이 예사롭지 않았습니다. 높이 솟았다가 거의 바닥에 닿을 듯 아래로 내리쳤다가 다시 위로 아래로 굽이치는 가지들의 모습 때문에 '용뿔'이라는 이름이 붙었습니다.

이날, 1미터쯤 떨어진 뒤편에 불에 타다 남은 듯한 굵은 가지가 하나 보였습니다. 고양환경운동연합의 설명을 들어보니, 2019년 11월, 한아름쯤 되는 굵은 가지가 강풍에 부러졌는데, 누군가 와서 불태웠다고 합니다. 불이 용뿔나무로 옮겨 붙을 수 있는 위험천만한 일이 벌어진 겁니다. 심지어 인근 주민이 '가지가 늘어져 주차장을 드나드는 자동차가 긁힐 수 있다'며 어른 허벅지만큼 굵은 가지를 톱으로 잘라내기도 했다고 합니다.

그런데 굵은 가지는 왜 부러졌을까요. 고양시 쪽은 강풍, 즉 자연현상 때문이라고 강조합니다. 하지만 수백 년간 온갖 재난을 버텨온 터줏대감에게 대입하기엔 어색해 보입니다. 고양환경운동연합은 주차장과 도로로 둘러싸여 있는 지금의 용뿔나무가 20여 년 전 포장 공사를 하면서부터 그 수세가 서서히 약화되었을 것이라고 보고 있습니다. 사실 보호수에 대한 법적 보호 규정은 이권이나 민원과 관련돼 있을 때 무시됩니다. 산림보호법(제13조 3항)은 "누구든지 보호수를 훼손해선 안 된다" "보호수의 수관폭 내 개발 행위를 제한할 수 있다" 등 보호수를 위한 '행위 제한'을 규정하지만 제대로 적용되지 않습니다. 산림청 자료를 보면 2016~2020년 5년 동안만 해도 보호가 제대로 이뤄지지 않아 고사한 보호수가 259그루에 달합니다.

대규모 개발 앞에선 걸림돌 취급을 받습니다. 2018년 9월 서울 신반포15차 재건축 조합은 단지 내 360살 된 보호수 때문에 지하 공간 사용이 어려워 사익이 침해된다며 보호수 이전을 요구하기도 했습니다. 당시 서울시가 이 요구를 거부했습니다. 나무를 피해 설계를 바꾸는 것보다 행정심판이 편리하기 때문일까요. 조합 쪽은 대형 로펌(법무법인 태평양)을 동원해 행정심판을 제기했습니다. 다행히 중앙행정심판위원회가 '공간 사용 제한은 이전 사유가 될 수 없다'며 서울시 손을 들어줘 일단락됐습니다.

하지만 관련 공무원들 얘기를 들어보면 보는 사람도 많고, 환경 단체도 많은 서울시에서나 있을 수 있는 '행운'이었다고 합니다. 대부분의 경우 이런 행정심판 단계까지 가보지도 못하고, 지자체가 보호수 지정을 알아서 해제하면서 마무리된다고 합니다.

보호수라고 하지 않았나요? 인간의 뻔뻔한 거짓말을 나무들이 못 알아 듣는 걸 다행이라고 해야 할까요.

지리산 반야봉 북서쪽 비탈의 건강한 가문비나무.

줄기를 따라 가지가 세차게 뻗었다.

16. 지리산 가문비 숲

$\asymp$

가문비나무의 마지막 증언

가문비나무는 지리산·덕유산·계방산 등 해발고도 1500미터 이상 높은 산꼭대기 부근만 골라 산다. 거기서도 해가 잘 들지 않고 운무가 자주 드리우는 음침하고 서늘한 북쪽 비탈면을 좋아한다. 구상나무와 생김새도 사는 곳도 비슷한데, 가문비나무는 더 서늘하고 습하며 사람 손이 닿지 않아 부식토가 충분히 형성된 기름진 흙만 가려내 뿌리 내린다. 기후위기 지표종으로, 우리나라에 남은 개체 수는 약 3만 그루다. 구상나무(265만 그루)의 1.1퍼센트 수준인데, 죽어가는 속도는 더 빠르다.[1]

한국에 남은 마지막 3만 그루

2024년 5월 22일 가문비나무의 남은 최대 서식처인 지리산에 올랐다. 할머니 산신을 모시는 노천 예배당인 노고단(老姑壇, 1507미터)에서 출발해 산등성이를 따라 동쪽 반야봉(1734미터)으로 향했다. 이날 산행은 한 달 전쯤 가문비나무의 마지막 증언을 들어야 하지 않겠느냐는 서재철 녹색연합 전문위원의 제안으로 이뤄졌다. 아고산대 식생을 연구하는 박홍철 국립공원연구원 박사와 신창근 지리산국립공원 전남사무소 계장(식물분류학 박사)이 함께했다.

탐방로를 따라 3시간 30분을 걸어 반야봉에 다다랐다. 반야봉을 100미터쯤 앞두고서야 뒤늦게 서늘한 기운을 느낄 수 있었다. "100미터 올라갈 때마다 0.5~1도 떨어집니다." 박홍철 박사가 말했다. '둔한' 인간과 달리 동식물은 해발고도를 민감하게 느끼고 적응해왔다. 구상나무 위에서 '깍깍' 우는 새는 큰부리까마귀였다. 저지대 까마귀는 이곳에 없다. 흔한 소나무도 해발고도 1000미터를 넘어가면 자취를 감춘다. 대신 잣나무가 그 자리를 차지했다. 저지대의 아그배나무와 거제수나무는 친척인 야광나무와 사스래나무로 교체된다. 그리고 반야봉 정상 부근에 오면 구상나무 무리가 이곳이 자신들의 고향임을 알려준다.

반야봉에서 북서쪽으로 난 철문을 열고 출입 통제 구역으로 200미터쯤 더 가니 가문비나무 한 그루가 있었다. 주변 가문비들은 모두 말라죽어 하얗게 뼈대만 드러내고 있었다. 군락에 속했다가 한 그루만 홀로 남게 된 것이다. 아고산대 식물들을 보호하기 위해 2007년 12월에 이일대 6만 2000제곱미터가 특별보호구역으로 지정됐다.

키 30여 미터에 가슴높이 둘레는 120센티미터, 100살 이상으로 추정됐다. 2~3미터 높이부터 2미터 이상 멀리, 수간과 직각 방향으로 뻗은 긴 가지들을 뱅뱅 두르고 있었다. 둥치 아래 서면 빽빽한 가지들이 하늘을 가려 어둑어둑했다. 수피는 회색으로, 한자 이름 '어린송(魚鱗松)'이

지리산 반야봉 북서쪽 비탈 가문비나무의 수피.
이 수피 모양 때문에 어린송, 즉 '물고기 비늘 모양 소나무'라고도 불린다.

말해주듯 물고기 비늘 모양으로 갈라졌다. 구상나무와 잎 모양은 비슷하지만, 구상나무 수피는 가로로 갈라진다. 열매(구과)도 가문비나무는 아래로 열리고, 구상나무는 위로 열린다. 계통발생학적으로 보면 둘의 관계는 꽤 멀다. 구상나무는 히말라야시다(개잎갈나무) 쪽, 가문비나무는 소나무 쪽에 가깝다.

현장에선 어린 개체를 거의 찾아볼 수 없었다. 자연 상태에선 매우 기이한 일이다. 박홍철 박사가 말했다. "오면서 보면 구상나무 중에서는 어린 나무가 꽤 보이잖아요. 그런데 가문비는 어린 나무를 찾기도 어렵네요. 정말 문제가 심각하죠. 이런 상황이라면 이 지역에선 성숙한 나무들이 죽고 나면 가문비가 사라지게 되는 거죠." 그가 이어서 말했다. "1500미터 이상의 고산 지역은 온도가 낮아 활엽수가 살기 힘들어요. 그래서 대부분 침엽수로만 숲이 구성돼 있죠. 여기서 구상나무와 가문비나무가 죽고 나면 대체할 나무도 없다는 점이 문제입니다. 이런 곳에선 침엽수가 죽으면 숲이 그냥 황폐해지는 거죠."

이후 2시간가량 어린 나무를 찾아다니다가 이 일대 가문비나무 군락의 상당 부분이 고사한 것을 확인했다. 산 나무들도 잎이 누렜다. 상당히 오랫동안 스트레스에 노출된 모습이었다. 줄기 꼭대기에 약간의 수관만 달고 연명하는 등 생육 상태가 전체적으로 좋지 않았다. 국립공원연구원이 2012년과 2021년 이 일대를 정밀 모니터링한 결과 1헥타르(1만 제곱미터)당 가문비 개체 수는 9년 새 338그루에서 119그루로 65.1퍼센트가 줄어든 것이 확인됐다.

이렇게 개체 수 규모가 급격히 줄면 유전적 다양성이 떨어진다. 그러면 폭염 등 다양한 기상 이벤트나 여러 환경 요인을 견딜 수 있는 내성이 떨어진다.

돌아서려 할 때 철쭉나무 아래 자라고 있는 키 50센티미터의 어린 가문비 한 그루를 만났다. 작지만 나이는 15살 이상으로 추정됐다. 관련 연구가 부족해 정확하진 않지만 구상·가문비 고산 침엽수들은 20~30년 동안 1미터 남짓으로 느긋하게 성장한 뒤 빠르게 키와 몸집을 키워나간다.

1998년 지리산 가문비나무 군락의 존재를 세상에 알렸고, 20여 년째 백두대간 숲을 누비며 생태 조사·분석을 하는 서재철 위원의 설명에 따르면, 한반도 이남 가문비의 95퍼센트 이상이 지리산에 산다. 20여 년 전만 해도 천왕봉과 반야봉 일대는 가문비나무의 양호한 서식처로 상당한 규모의 숲을 이루고 있었다. 기후 변화와 수분 스트레스로 가문비는 급격히 고사했다. 20여 년 전만 해도 2월 말에 내린 눈이 1~2미터까지 쌓여서 4월 말~5월 초까지도 잔설을 볼 수 있었다. 천왕봉 북쪽의 칠선 계곡에서는 6월 초·중순까지도 눈을 볼 수 있었다고 한다. 하지만 지금은 지리산 어디나 3월이면 다 녹는다. 눈이 서서히 녹으면서 공급했던 수분이 사라지니 토양이 메마르고, 가문비는 전에 겪어보지 못한 엄청난 목마름을 느낀다.

멸종 위기가 가속화하자 국립공원연구원과 산림과학원 등에서 가문비 종자를 확보해 증식을 시도하지만 이것도 쉽지 않다. 현재 5살 이상의 어린 나무를 기준으로 국립공원연구원에서 6살 3그루, 산림과학원에서 8살 20그루가 자라고 있을 뿐이다. 관심이 집중돼 현장 복원용으로 몇천 그루를 양묘하고 있는 구상나무와 비교된다.

그런데 가문비나무는 구상나무보다 증식이 더 어렵다. 구상나무는 격년이나 3년에 한 번 구과가 열리지만, 가문비는 5년 주기로 해거리*한다. 어렵게 구과(솔방울 형태의 열매)를 채취해도 튼실한 종자 비율이 5퍼센트 정도로 낮다. 또 종자가 떨어지더라도 숲 바닥에선 잘 못 자라고 주로 죽어 쓰러진 나무 위에서 자란다. 어릴 때 고사율도 높은 편이다. 지속적인 현황 분석·모니터링뿐 아니라 적극적인 보전·복원 노력이 필요한 지점이다.

이날 노고단~반야봉 구간 탐방로를 따라 산솔새·휘파람새·노랑턱멧새가 저마다 높은 음으로 지저귀었다. '구구구 꾸꾹' 멧비둘기도 저음으

---

* 열매가 매년 열리지 않고 해를 걸러 열리는 것.

지리산 반야봉 북서쪽 비탈의 가문비나무의 열매(구과).
길이가 3.8센티미터가량이었다. 우리나라에서도 조경수로 널리 심는
독일가문비의 커다란 열매(길이 10센티미터 이상)와 비교된다.

로 울었다. 새들이 저마다 신난 건 지방과 단백질이 풍부한 곤충들이 깨어나 넉넉하게 배를 채울 수 있기 때문이다. 곤충들 역시 풀과 나무가 막 틔워낸 신선한 잎과 꽃이 있어 풍요롭다. 물들메나무·층층나무·노각나무·사스래나무·산목련(함박꽃나무) 등 깊은 숲에 사는 귀한 나무들이 지리산을 부지런히 울창하게 채워갔다. 지리산에 뒤늦은 봄이 왔다.

동식물의 공간을 짓밟는 사람들

그런데 군데군데 헐벗어 벌벌 떠는 나무들이 눈에 띄었다. 구상나무도 마찬가지였다. 가지 끝이 불그스름해 꽃이 핀 줄 알고 다가가보니 얼어 죽은 새잎이었다. 가문비는 아직 개화 전이었다. 까맣게 말려들어간 어린잎들 위로 힘겹게 꽃을 피운 층층나무가 보였다. "엿새 전(5월 16일) 지리산에 눈이 3센티미터가량 쌓였어요. 기록상 5월 중순에 눈이 쌓이기는 처음이라고 해요. 두꺼운 외투 같은 껍질을 벗고 연약한 새순이 막 피었는데, 눈이 와서 냉해를 입은 거죠. 다행히 꽃은 조금 늦게 피어서 살아 있는 거죠." 신창근 계장이 설명했다.

기후 붕괴 현상은 최전선인 높은 산에서 더 가혹하다. 두 달 전(2024년 3월)에는 전체적으로 따뜻한 날씨에 비가 내리다 기온이 급격하게 떨어지는 이상기후로 국립공원의 침엽수 수백 그루가 얼어 죽는 피해가 발생했다. 매년 열리는 소백산 철쭉축제는 꽃 피는 시기가 빨라지거나 늦춰졌고, 2024년에는 아예 꽃이 피지 않았다. 국립공원연구원 모니터링 자료를 보면, 2012년부터 7년 동안 인근 전북 남원시 연평균 기온은 1.1도 상승한 것에 견줘 지리산 반야봉은 2.8도 상승했고, 특히 겨울철(12월~2월) 기온은 영하 8.8도에서 영하 4.4도로 4도 상승한 것으로 나타났다.

가문비 고사의 주범 중 하나가 기후 붕괴라는 점은 분명하다. 다만 기후 붕괴만 원인인 건 아니다. "저지대와 고지대에서 좋은 흙이 생기는 건 전혀 다른 양상입니다. 고지대는 나뭇잎 등 식물이 만들어내는 유기물이 적은데, 사람이 이용하면 손실이 커요. 흙이 유실되기 쉽죠. 고지대

꽃이 아니다. 5월 중순에 내린 폭설에
지리산 구상나무 새순이 얼어 죽은 모습이다.

에 기후 위기로 인해 국지성 집중호우가 쏟아져 흙이 쓸려 내려가면 저지대처럼 다시 채워지기 어려운 환경이에요. 더욱이 사람들이 다니면서 답압(踏壓)*까지 더해집니다. 고산지대 동식물들은 이런 미세한 흐름에 더 취약할 수 있어요. 답압으로 인한 문제는 1~2년 사이엔 보이지 않

---

* 사람들이 밟아 땅이 단단해지면서 황폐해지는 현상.

더라도 5~10년가량 지나면 다를 수 있어요. 물방울이 바위를 뚫는 것과 같죠." 신창근 계장의 말이다.

1997년 만들어진 덕유산 케이블카로 인해 설천봉(1520미터)에서 향적봉(1614미터)까지 600미터 구간은 사람 출입으로 생태계가 파괴된 대표 사례다. 매년 관광객 수십만 명이 오가며 토양이 유실되는 등 생물이 살기 어려운 황폐한 환경으로 바뀌었다. 이 구간은 국립공원공단 '국립공원 탐방로 이용압력지수 1위'(2015년 조사, 이후 발표 없음)라는 오명을 얻었다.

케이블카 설치로 굳이 산 입구에서 덕유산 향적봉에 오를 필요가 없어졌다. 케이블카에서 내린 뒤 94미터(1614미터~1520미터 구간)만 오르면 쉽게 정상에 다다를 수 있다. 샌들이나 굽 높은 신발을 신은 '등산객'도 많아졌다고 한다. 향적봉을 94미터 작은 동네 뒷산으로 축소시킨 것과 같다. 지리산도 마찬가지다. 일제강점기에 지리산의 나무를 수탈하기 위한 목적으로 만들어진 도로가 지금의 성삼재-정령치 도로의 전신이다. 지리산 산행의 출발점이 돼버린 해발고도 1080미터의 성삼재휴게소의 뿌리이기도 하다. 성삼재휴게소의 존재는 할머니 산신을 모시는 영험한 노고단도 427미터(1507미터~1080미터) 단신으로 만들었다. 그만큼 더 많은 사람들이 산을 타고 있고, 그만큼 '이용압력'은 커지고, 생물다양성은 위협받는다. 특히 오랫동안 인간의 교란으로부터 자유로웠던 높은 산의 생물들은 위협의 수위가 절멸 수준으로 치솟는다.

미국 옐로스톤국립공원과 비교해보면 지리산에 대한 이용압력이 얼마나 심각한지 알 수 있다. 1967년 12월 우리나라에서 가장 먼저 국립공원으로 지정된 지리산을 찾은 탐방객은 2023년 기준 380만 7428명[2]

이다. 면적이 483.022제곱킬로미터이니 1제곱킬로미터당 이용밀도는 7842명이다. 옐로스톤 국립공원은 미국의 첫 국립공원(1872년 3월 지정)이다. 8983.18제곱킬로미터인 옐로스톤 국립공원을 찾은 탐방객은 450만 1382명(2023년)[3]으로 1제곱킬로미터당 이용밀도는 501명 수준이다. 지리산의 이용압력이 옐로스톤보다 15배 높다.

2018년 11월 20일 자 《가디언》에는 〈국립공원의 위기: 관광객들이 자연을 죽도록 사랑하는 방법〉이라는 기사가 실렸다. 2017년 옐로스톤 탐방객이 400만 명을 돌파한 데 따른 특집기사였다. 43년째 옐로스톤 감독관으로 일해온 댄 웬크는 이렇게 말한다. "옐로스톤에서 가장 연구가 안 된 포유류가 있다. 바로 인간이다. 우리 종(인간)은 이 공원에 가장 큰 영향을 미친다. 인간이 자신들의 경험의 질을 높이려고 하는 것 때문에 재앙(casualty)이 닥치고 있다." 지리산의 인간 포유류 연구도 필요하지 않을까.

윤주옥 '국립공원을 지키는 시민의 모임' 대표의 말을 들어봤다. 생태보존을 위해 출입금지구역을 지정해봤자 오지 산행을 즐기는 사람들은 목책을 세워서라도 계속 넘어 그곳으로 들어간다고 한다. "내가 원래 다니던 길이야" "나 하나 가는 데 무슨 문제가 있어"라는 식이다. 사람 발길이 계속되니 고지대의 나무나 풀 등 기후변화에 취약한 생물들은 더 고통받는다. 그런데도 환경부와 국립공원공단은 기회만 되면 국립공원을 향유할 기회를 뺏는다며 출입금지를 풀려고 애를 쓴다. 결국 고지대 생물의 고통을 부채질하는 건 '국민이 원한다'는 논리로 국립공원에 차량 출입을 늘리고, 대피소에 전기를 놓고, 사람 출입을 늘리는 사람들이다. 지리산과 가문비나무 등 아고산대 생태계를 지키는 방법은 확실하다.

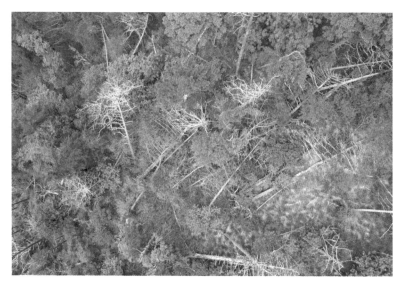

지리산 반야봉 북서쪽 비탈에 가문비나무들이 말라 죽어 있다. 산 가문비들도 잎 빛이 누렇게 변해 생육 상태가 좋지 않은 것으로 관찰됐다. 녹색연합 제공.

사람과 지리산의 접촉을 줄이면 된다. 지금처럼 거의 모든 시간에 지리산을 개방하는 것부터 막으면 된다. 탐방 예약제 도입이 시급하다는 지적도 나온다. 사실 국립공원은 체계적으로 보전·관리하기 위해 지정된 곳이다. 우리가 보호한 후 다음 세대에 무사히 전달해야 한다.

그러기 위해선 지리산을 자연과 야생 동식물에 당연히 돌려줘야 할, '그들의 공간'이라고 생각하도록 인식을 개선해야 한다. 하지만 지리산도 일반 관광지인지 국립공원인지 헷갈리게 돼버렸다. 지리산을 대하는 이런 마음은 주변 지자체들이 앞다퉈 지리산에 케이블카, 골프장, 산악열차를 공사한다며 나서는 모습으로 나타나고 있다.

"새롭게 상상력이 풍부하며 창의적인 접근법은 이 세상이 인간만의 것이 아니라 모든 생물과 공유하는 것이라는 데서 출발한다." 미국 생태학자 레이철 카슨이 《침묵의 봄》에서 자연과 인간의 화해를 위한 해법을 이렇게 제안했던 때가 1962년이다. 우리는 얼마나 나아졌을까.

시베리아 동부, 시호테알린산맥, 캄차카반도, 백두산, 홋카이도 등에 많이 분포하는 가문비나무가 어떻게 한반도 남부 지리산에 살게 됐을까. 지리학자인 공우석 기후변화생태연구소장의 설명을 들어봤다. 꽃가루 화석 연구를 보면 가문비나무류는 신생대 초기 마이오세(2300만~530만 년 전)에 영랑호(속초)와 북평(동해) 등에서 살았다. 어린 나무가 잘 자라지 않는다고 하지만 실은 홀로세(1만 2000년 전~현재)까지 극심한 환경 변화 속에서도 살아남은 강한 종이다. 유럽 쪽과 달리, 동북아시아 동식물들은 산줄기가 남북으로 형성된 시호테알린 산맥과 백두대간 등을 타고 11만 년 전부터 1만 2000년 전까지 빙하기 때 남북을 오갔던 것으로 보인다. 그때는 한반도가 동식물의 피난처 역할을 했다. 북극권과 툰드라에 최적화된 눈향·눈잣·눈측백 등 키 작은 꼬마 나무들이 우리나라에 드문드문 나오는 것도 그때의 영향이라 볼 수 있다. 당시엔 한반도 전역에 연속적으로 자라던 가문비나무를 비롯한 이런 식물이 홀로세 후빙기를 맞아 산꼭대기에 남아 명맥을 유지하게 된 것이다.

기후 위기라는 미래에 대응하려면 어떻게 해야 할까. 과거의 기후변화와 식생을 공부하는 것이 그 시작이다. 하나의 생물종이 한반도에서 멸종하는 것에 대해 아무렇지 않게 '좀 없어지면 어때' 하는 사람들도 있다. 하지만 어쩌면 우리가 지금의 위기에 대응하기 위해 반드시 알아야 할 소중한 단서가 사라지는 것일지 모른다.

대량 멸종은 강자도 무너뜨린다

가문비가 '취약종'으로 분류된 건 정말 약하기 때문일까. 거시적인 관점에서 보면 20~30년을 유년기로 보내는 더딘 라이프사이클은 가문비가 오랫동안 번성했던 비결이었다. 인간과 자본이 만들어낸 비정상적으로 급변하는 기후 환경에 적응할 수 없는 게 비단 가문비뿐일까 하는 의문이 생긴다. 지난 2만 년 전부터 산업화 이전(1850~1900년)까지 대기 중 이산화탄소 함량은 100피피엠(180→280피피엠)가량 늘어났지만 이후 124년 동안에만 약 140피피엠(280→420피피엠) 정도 급증했다.

"한 가지 가능성은 우리도 결국 우리가 일으킨 생태적 지형 변경에 의해 절멸에 이르는 것이다. (…) 대량 멸종은 약자만 제거하는 것이 아니라 강자도 무너뜨린다. (…) 지금까지 그 어떤 생물도 하지 못했던 이 일은 불행히도 우리의 가장 장구한 유산이 될 것이다."

미국 언론인 엘리자베스 콜버트는 《여섯 번째 대멸종》[*]에서 이렇게 경고했다.

질문이 잘못된 것 아닐까요

너무나도 쉽습니다. 모두의 책임이라는 점에서, 기후변화 탓을 하면 사실은 모두가 책임을 면합니다. 반드시 해야 할 과제를 도출하기 어렵다는 점에서, 어떤 순간에는 그동안 해오던 탐방로 확대, 케이블카 건설 등 산림 파괴를 계속하는 명분이 되기도 합니다. 그렇게 너무나도 중요한 '기후변화'라는 말의 의미가 인간의 욕망과 뒤섞여 표백되고 있는 게 아닌지 걱정됩니다.

지리산 가문비나무는 왜 절멸의 위험을 겪게 된 걸까요. 기후변화에 앞서 인간의 생태계 교란에서 답을 찾아보면 어떨까요. 해발고도 1500미터 이상에서만 서식하는 가문비나무의 뿌리 위 흙을 밟는 것만으로도 지난 수만 년 동안 인간이라는 고려 요소 없이 살아온 이 생명체에게는 큰 위협이 됩니다.

우리가 지리산·설악산·한라산 등의 아고산지대에서 '등산' 내지 '탐방'이라는 이름으로 옮긴 발걸음은 심각한 결과를 초래합니다. 물론 탐방로가 아닌 곳으로 다니는 건 더욱 심각한 문제입니다.

우리의 발길은 흙 위의 낙엽이나 곤충과 미생물의 사체로 이뤄진 부식토를 걷어냅니다. 흙 사이에 있는 공기와 물이 담긴 공간이 압축되면서 지표면 쪽에 주로 분포하는 잔뿌리들이 먹을 물과 양분이 줄어듭니다. 잘 닦인 탐방로는 걷기 편합니다. 그만큼 생태계는 비명을 지르고 있는지 모릅니다. 피해를 입은 뿌리들과 연결된 지상의 가지와 잎들의 생육이 나빠집니다. 약해진 가지는 바람에 혹은 폭설과 폭우에 쉽게 부러집니다.

잎이 줄어들었으니 광합성을 잘할 수 없게 됩니다. 에너지가 없으니 점점 더 잎이 줄어들고, 뿌리를 뻗기 어려워집니다. 낙엽이 줄어듭니다. 고산지대의 민감하고 특별한 생태계에 살던 곤충과 미생물은 살기 어렵습니다. 부식토가 줄고, 나무뿌리는 더욱 손상되고, 토양 온도는 높아지고, 습도는 낮아지고, 그렇게 아고산대의 미기후가 변화합니다. 나무가 구조적으로 불안해집니다. 그렇게 생태계는 위험해지고 무너집니다. 악순환입니다.

지리산의 성삼재 휴게소나 설악산 케이블카를 지을 때 몸이 불편한 사람들도 모두 자연 자원을 즐길 수 있어야 한다는 명분이 제시됩니다. '누구나 이용할 수 있어야 하지 않느냐'는 질문에는 쉽게 답하기 어렵습니다. 어쩌면 질문이 잘못됐는지도 모릅니다. '지리산·설악산·한라산의 고지대 정도는 인간 외 다른 생명체들을 위해 비워둬야 하지 않을까.' 이런 질문을 던져보면 어떨까요? 아고산대는 한번 상처가 나면 영원히 원상복구가 어려운 민감한 생태계입니다. 아고산지대의 여러 생명체들에겐 각종 시설물들은 절멸의 위기로 내모는 전초기지입니다.

가덕도 동백림 터널.

17. 가덕도 산서어나무-동백나무 숲

⌒

대통령이 이 숲에 와봤다면 공항을 짓겠다고 했겠습니까

동쪽 멀리 대한해협 난바다가 시야에 꽉 찼다. 산등성이 따라 남북으로 국수봉(해발 264미터)까지 산서어나무 수천 그루가 덩실덩실 숲 바다를 이뤘다. 2023년 4월 13일 오전 11시, 부산 가덕도 외양포마을에서 동남쪽으로 한 시간 산길을 타고 가덕도 최남단 봉우리 남산봉(해발 188미터)에 올랐다. 목청 큰 까마귀가 초록 물결을 헤엄치듯 활공하며 울었다. 깊은 숲에서 큰오색딱따구리 소리가 울렸다. 박새들이 재잘댔다.

산서어나무는 다 커도 높이가 5미터가량으로, 별로 안 큰 나무다. 굵게 한 줄기를 뻗어 가지를 내지 않고, 뿌리 쪽에서 여러 줄기를 뻗는 것이 특징이다. 어느 줄기 하나 곧게 자란 것 없이, 바람에 몸을 맡긴 듯 자유롭다. 수피는 흰 피부에 검은색 핏줄이 터질 듯 튀어나온 꼭 힘센 보디빌더의 근육 같다. 산서어나무와 그 친척인 서어나무·개서어나무·까치박달나무 등 서어나무속에 머슬트리(muscle tree, 근육나무)라는 별명이 붙은 이유다.

100년 된 산서어나무가 이룬, 유일한 거대 자연군락지

영어 이름은 '코리안 호른빔(korean hornbeam, 한국 서어나무)'이지만 우리나라에 산서어나무 군락은 흔치 않다. 이런 거대한 산서어나무 자연 군락지는 가덕도가 우리나라에서 유일하다. 인천 강화도 참성단 옆에 홀로 서 있는 산서어나무는 2009년에 천연기념물로 지정됐다. 인천 영흥도 십리포 해변에 산서어나무 군락이 있지만, 150여 년 전 사람들이 바람막이 용도로 조성한 300그루 규모의 인공 숲이다.

동행한 이성근 부산그린트러스트 상임이사와 함께 이곳 산서어나무들의 크기를 측정했다. 큰 개체들은 뿌리 쪽 둘레가 3~4미터에, 10개 안팎 되는 줄기의 가슴높이 둘레는 각각 20~70센티미터였다. 참성단 산서어나무(뿌리 부분 둘레 2.7미터, 약 150살) 정도 되거나 그 이상인 산서어나무가 수두룩했다.

가덕도 국수봉을 올라오며 봤던, 외양포마을에 인접한 서쪽 비탈 숲과 고개 넘어 동쪽 비탈 숲의 나무 밀도가 확연히 달랐다. 군부대가 통행을 막아놓은 동쪽 비탈은 그렇게 빽빽하지 않았다. 오랫동안 사람에 의한 교란으로부터 벗어나 숲이 안정화된 결과다. 그는 2021년부터 환경운동연합 조사위원 등으로 가덕도 국수봉 일대를 40회 이상 다니며 육상생물을 조사·연구했다. 그래서 부산 지역 환경 단체들은 가덕도 숲을 100년가량 된 것으로 보고 '가덕도 100년 숲'이라고 부른다.

숲은 초기에 여러 식물이 빽곡하게 자리 잡아 서로 경쟁한다. 기후와 토질 등 식생이 잘 맞아 쑥쑥 크는 나무가 승기를 잡는다. 수관을 뻗어 자기 자리를 점차 넓힌다. 수관으로 볕을 막으면 그 아래 다른 나무들의 생육이 제한된다. 그렇게 숲은 성장·성숙한다.

허태임 식물분류학자의 설명을 들어봤다. 산불이 나거나 해서 나지 (맨땅)가 되면 처음엔 선구자인 초본류가 온다. 이후 침엽수가 뒤를 따르고 드디어 활엽수가 온다. 수십 년이 지나야 내륙에는 참나무류가 번성하고 섬 지방에서는 거기서 잘 자란, 이를테면 산서어나무가 우점(優占)* 한다. 시간이 지나 비슷한 시기에 뿌리내린 나무들이 노령림이 되어 쓰러지면 그동안 잘 자란 어린 나무들이 자리를 대신하면서 숲은 유지된다.

이곳 가덕도 남산봉과 국수봉 일대 산서어나무 숲은 어른 나무 수관이 적당히 뻗을 정도인 대여섯 걸음 이상 되는 공간이 나 있고, 그 사이로 작은 나무와 풀이 자랐다. 아직은 봄이라 볕이 가지 사이로 스며들었지만 한두 달 더 지나면 대낮에도 어둑어둑하다고 한다.

산서어나무 군락뿐 아니다. 국수봉과 남산봉 사이 계곡부 쪽 아래로 발길을 옮기니, 개서어·고로쇠·단풍·굴참·졸참·느티 등 겨울에 잎을 떨구는 낙엽활엽수가 소군락을 이루거나 어우러져 하늘을 나눠 쓰며 숲을 지배했다. 5월이면 하얀 꽃을 피울 마삭줄 덩굴이 나무를 타고 올라가 초록 잎 사이로 드문드문 붉은 잎을 피웠다. 가덕도 북쪽 산에 흔한 곰솔과 적송 등의 소나무류는 가슴높이 둘레 3미터 이상 거목만 치면 한 열 그루쯤 될까.

"(국수봉·남산봉 일대에) 열악한 조건을 뚫고 바닷바람이 강한 능선부에 산서어나무 군락지가 선형으로 발달해 있어요. 가덕도 숲은 인간

---

* 한 지역의 생태계 내에서 특정한 종이 가장 풍부하거나 가장 큰 영향을 미치는 것. 깊은 숲에선 참나무류가, 하천에선 버드나무류가 우점한다.

이 건드리지 않은 100년 정도 된 오리지널 숲입니다. 1910년까지만 해도 이곳은 무입목지(나무가 없는 지대), 즉 황무지였거든요. 사람이 황무지를 건드리지 않고 그냥 뒀을 때 어떻게 되는지, 숲의 원형을 볼 수 있는 유일한 곳입니다. 이렇게 오래된 오리지널 숲은, 설악산 고지대의 200~300년 된 숲을 제외하면 우리나라에선 거의 보기 힘듭니다." 홍석환 부산대학교 조경학과 교수는 이렇게 평가했다.

가덕도 100년 숲은 인간의 무관심으로 우연히 만들어졌다. 1904년 러일전쟁 직후 일제는 대한해협의 군사 거점 확보를 위해 가덕도 외양포마을 주민들을 내쫓고 '진해만 요새 사령부'를 설치했다. 그때부터 사람의 출입이 제한됐다. 이후 미군과 국군이 군사 기지를 이어받아 운영하면서 지금에 이르렀다. 특히 국수봉·남산봉의 동쪽은 경사가 가팔라 걸어 다니기 어렵고, 해안가 쪽은 해식애(낭떠러지)가 발달해 배가 접근하기도 어렵다.

계곡 아래로 분위기가 완전히 달라졌다. 늘푸른잎의 '가덕도 동백군락지'(부산시 지정 기념물 제36호)가 낭떠러지 위에 펼쳐졌다. 군인들의 순찰로를 동백나무 지붕이 감쌌다. 길 좌우로는 너덜 지형을 따라 저절로 형성된 50~100살 2500여 그루의 동백 군락이 가덕도 동남쪽 해안에 띠를 만들었다. 하얀 수피에 두툼한 짙은 초록 잎, 그리고 노래 가사처럼 "울다 지쳐서 빨갛게 멍"든 꽃잎과 그 속에 촘촘하게 박힌 샛노란 수술이 색의 대비를 이뤘다.

바지 주머니 속 휴대전화가 요란했다. "현재 사용 중인 이동통신사 도코모(DOCOMO)"라는 알림이 떴다. 도코모는 일본 이동통신사다. 로밍 안내 문자메시지도 떴다. 가덕도는 한국 통신사들로부터도 '버려진 섬' 취급을 받는 걸까.

가덕도 동백군락지에 떨어진 동백꽃.

생명을 죽여야 지역 경제가 산다니

이 100년 숲에 사형선고가 내려졌다. 10여 년 전부터 표가 궁한 정치인들이 기회만 되면 '가덕도 신공항 개발' 이슈를 띄웠다. 2021년 2월, 가덕도 신공항 건설 때 예비타당성조사를 면제해주는 특별법이 제정됐다. 사업성이 없어도 공사를 강행할 수 있는 터를 팠다. 같은 해 5월 프랑스에선 2시간 30분 안에 이동할 수 있는 구간의 비행기 운항을 금지하는 '기후 복원 법안'이 통과됐다. 서울~부산은 고속철도 KTX로 2시간 30분 거리다.

국수봉·남산봉·성토봉을 깎아 그 돌과 흙으로 앞바다를 메워 활주로를 놓는 방안이 확정됐다. 빨리 그리고 저렴하게 짓기 위한 방법이란다. 애초에 소사·동백은 고려 대상이 아니었다. 멀쩡한 산과 숲과 여기에 기대 사는 숱한 생명체를 수장시켜야 침체된 지역 경제가 산단다. 2023년 4월 14일에는 윤석열 대통령의 지시로 가덕도 신공항 개항 시기가 2035년에서 2029년으로 크게 앞당겨졌다. 2025년 연내 공사가 시작될 예정이다. 흐드러지게 핀 이곳 동백도, 바람을 닮은 산서어나무도 이제 살날이 얼마나 남았을까.

"목소리를 내줘야 할 전문가도, 환경 단체도 가덕도 신공항 문제에는 말을 아낍니다. 어쩔 수 없지 않으냐는 태도예요. (신공항 반대 운동의) 동력이 안 생깁니다. 그러다 직접 이 숲을 보고 나면 이건 아니라는 생각을 갖게 됩니다. 문재인 대통령이 이 숲에 와봤다면 신공항을 짓겠다고 했겠습니까. 제일 두려운 건 이런 거죠. 지역을 살린다면서 가덕도를 없애는 데 동의할 수밖에 없는 정서들. 언제든 또 자기 팔 하나 자르는데 동조하리라는…. 사실 이건 지역 경제 활성화다, 국토 균형 발전이다 하는 미명 아래 행해지는 대학살이거든요." 40년가량 부산에서 환경운동을 해온 이성근 상임이사가 활주로가 들어설 바다를 한참 바라봤다.

국수봉 쪽으로 방향을 틀었다. 하트 모양의 얼룩덜룩한 잎 아래 짙은 보랏빛 종 모양 꽃을 단 족두리풀, 쫑긋 난 잎 뒷면이 노루의 귀처럼 털로 덮였다고 이름 붙은 노루귀가 지천에 자랐다. 오랜 세월 잎이 떨어지고 미생물이 분해하기를 반복해 쌓인 부엽토를 도토리 찾는 멧돼지가 코로 까뒤집은 탓에 젖은 흙이 곳곳에 드러나 있었다. 능선부에 다다르니 이곳 멧돼지들이 등긁이로 쓰는 소나무 한 그루 밑동 쪽이 껍질이 벗겨져서 반질반질했다. 군데군데 털이 끼어 있었다. 아랑곳도 않겠지만

가덕도 신공항 예정지의 비행기 모형.

천연기념물 수달과 삵, 그리고 팔색조·솔개·매·새호리기 등 수십 종의 새가 이 숲에 기대어 산다.

법대로 주민을 밀어내다

죽은 나무도 이 공간에선 쓰레기가 아니다. 죽은 갈참나무와 졸참나무 엔 딱정벌레류가 알을 까 애벌레를 길렀고, 딱따구리가 찾아와 허기를 채웠다. 죽은 나무는 어린 나무들의 양분이기도 하다. 초록색 풀잎 위에 보란 듯이 새빨간 홍날개가 더듬이를 곧추세웠다. 홍날개 애벌레는 쓰러진 나무의 껍질 아래에 사는 숲속의 분해자 중 하나다. 외양포마을로 돌아가는 고갯길에서 이성근 상임이사가 말했다. "이 고개에는 아직 이름도 없습니다. 곧 없어질 테지만 이름 하나 붙여줍시다. 희망고개? 아니면 절망고개?"

말 한번 제대로 못 하고 밀려나갈 운명에 처한 건 가덕도 동식물만이 아니다. 2023년 4월 18일, 국토교통부가 대항동(대항포·외양포·새바지마을) 주민들을 대상으로 '전략환경영향 주민 설명회'를 열었다. 대항동 주민대책위원장은 "착공 일정까지 나왔잖아요. 그런데도 아직 주민 이주 대책이 안 나왔어요. 물어보니 기본 설계가 나와야 한다네요. 순서가 잘못된 거 아닌가요? 환경영향평가도 목표를 정해놓고 걸림돌이 되는 걸 제거할 생각이잖아요. 일사천리로 가겠다는 거잖아요. 그냥 법대로 (주민들을) 밀어내면 된다고 생각하는 거 같아요"라고 말했다.

"우린 안 나갈 낀데…."

동박새 한 마디만큼이라도

밝은 낮에 사람의 눈이 가장 잘 인식하는 색깔은 붉은색입니다. 빨간색의 가시광선 파장이 가장 길기 때문에 산란이 가장 적게 일어나서 멀리서도 잘 보입니다. 반면 어두울 땐 초록색에 더 민감해집니다. 빛이 적은 저조도 상태가 되면 녹색 쪽 파장에 가장 민감하게 반응하게 되기 때문입니다.

동백 숲에선 절묘하게 이 두 가지 빛깔이 두 눈을 사로잡습니다. 도톰한 육질의 붉은 잎으로 장식한 동백꽃이 눈에 확 들어옵니다. 더구나 수술은 샛노랗습니다. 동백 숲 자생지는 보통 바닷가 절벽에 펼쳐집니다. 파도 소리와 시선을 잡는 붉은 색감에 홀려 숲 안으로 발을 들이면 또 다른 세상이 펼쳐집니다. 짙은 초록색 잎 그늘에 회색을 띤 매끈한 수피가 운치를 더합니다. 꽃잎 하나 상하지 않은 동백꽃 덩어리가 떨어져 있습니다. 누구에게나 깊은 상실의 기억이 있습니다.

> 동백꽃을 보신 적이 있나요/ 눈물처럼 후두둑 지는 그 꽃 말이에요(송창식 노래, 〈선운사〉 중)

> 봄이었습니다, 분명히/떨어진 동백 위로/더 붉은 동백꽃이 떨어져 내리고 있었습니다/어머니 심장 위로 덜커덕(변종태, 〈제주섬 동백꽃 지다〉 중)

동백 숲에선 연녹색 동박새도 놓칠 수 없습니다. 동백나무와 동박새는 꽃과 나비의 관계와 같습니다. 동박새는 동백꽃의 꽃가루받이(수분)를 돕습니다. 우리나라에선 이렇게 새의 도움으로 수분을 하는 식물이 매우 드뭅니다. 다른 꽃들처럼 꽃잎이 하나하나 떨어지지 않고 굳게 버티다 덩어리 째 떨어지는 것도 동박새의 무게를 버티기 위해 적응(공진화)한 결과입니다. 대신 동박새는 동백꽃의 꽃꿀을 먹고 삽니다. 동백나무 조엽수림 그 울창한 숲에 은신하며 둥지를 만들어 새끼를 키웁니다.

수천 그루의 동백나무가 우거진 가덕도 동백 숲에 신공항을 짓는다고 합니다. 우리에게 한순간 아름다움을 꿈꿔보게 해준 동백 숲에, 이제 동박새 한 마리만큼의 보답이라도 해보면 어떨까요. 다음엔 가덕도 동백 숲을 찾을 수 없다면 갈 곳 없는 처지가 되는 건 동박새만이 아닐 겁니다.

5.
사람과 나무

강원도 원주시 호저면 주산2리 중방마을 뒷산 숲우듬지에 백로들이 쉬고 있다.

18. 원주 상수리나무

〜

나무에게 위험한 건 백로가 아니라 인간이라네

가지마다 구름이 걸린 듯, 몸길이 1미터가량 되는 흰 새 20여 마리가 깃속에 몸을 웅크리고 숲우듬지(숲의 꼭대기 쪽 줄기와 가지)에 걸터앉아 있다. 청렴한 선비를 상징한다고도 하고 신선이 타고 다녔다고도 하는 백로, 그중에서도 가장 큰 축에 속하는 중대백로였다.

2024년 2월 15일 오전 강원도 원주시 호저면 주산2리 중방마을 뒷산, 투둑투둑 겨울비가 내렸다. 자세히 보니 상수리·신갈·산벚나무·낙엽송 등에 지난해 지은 둥지 100여 개가 남아 있었다. 때마침 한 마리가 인근 원주천과 섬강에서 배를 채운 뒤 날개를 쭉 펴고 하늘을 활공했다. 마을회관에서 불과 20미터 떨어진 이곳은 이 야생동물들의 집이다. 중국 남부와 베트남 등 남쪽 나라에서 겨울을 난 백로·왜가리·해오라기 등 100여 마리가, 선발대를 시작으로 매년 봄이 되면 여기로 날아든다. 짝 짓기하고 새끼를 낳아 길러, 가을에 다시 먼 비행을 시작한다.

"지난해 10월 말 다 떠나더니 어제 낮에 돌아왔어요." 주민 김 씨가 말했다. 40여 가구가 사는 중방마을에 20여 년 전부터 '학마을'이라는 별명이 붙었다. 마을 입구에 크게 '학마을'이라 쓴 표지석도 서 있다. 겨울철새인 학(두루미류)은 강원 철원과 경기 연천 등 우리나라 극히 일부 지역에서만 겨울을 난다. 과거에 두루미류와 여름철새인 왜가리류, 백로류 등 목과 다리가 길쭉한 데다 크고 하얀 새를 두루두루 '학'이라고 부른 데서 학마을이 유래했다고 한다.

그런데 사실 이곳 백로들은 인근 지역에서 이주해온 것이라고 주민들은 설명한다. "내가 이 마을에 산 지 52년 됐어요. 처음부터 이 마을에 백로가 많았던 게 아니에요. 한 40년 전에 한두 마리가 오기 시작했어요. 그때는 마을 앞산(원주천 쪽)에 살았어요. 그러다가 시끄럽고 배설물 때문에 냄새가 나니까 산 주인이 10여 년 전에 그 산의 나무를 싹 잘라냈어요. 그래서 여기저기 흩어졌다가 여기 뒷산에 온 게 5~6년 전이에요." 주민 남 씨의 말이다.

원래는 8킬로미터가량 남쪽인 원주시 반곡관설동이 백로류의 서식처였다. 하지만 도시 개발로 서식처가 사라지는 바람에 중방마을 쪽으로 살 곳을 옮겼다고 한다. 1994년 중방마을 앞산은 야생동물보호구역으로 지정됐다. 2004년 환경부 조사에서 왜가리 302마리, 중대백로 298마리, 쇠백로 24마리 등 672마리가 관찰됐다.

초기엔 환영받았다. "백로가 드는 마을은 부자가 된다는 전설이 있어 마을 주민들도 이 일대를 성스럽게 보고 있다. 서식처를 그대로 보전하기 위해 출입을 제한하는 등 마을 사람들도 노력하고 있다."[1] 하지만 10여 년 만에 원망의 대상으로 바뀌었다. "(백로 배설물에 의해) 수십 년 된 나무가 썩어 넘어갈 지경이다. 봄 되면 새들 소리에 잠을 못 잔다."[2]

강원도 원주시 문막읍 '반계리 은행나무'.
얼기설기 얽힌 뿌리로 세월을 짐작할 수 있다.

이런 분위기 속에 산 주인이 야생동물보호구역 주변 수십 살 된 아름드
리 상수리나무 등 백로 서식처 나무들을 모조리 베어냈다. 이어 원주시가
나서서 위험 수목을 제거하겠다며 야생동물보호구역 내 참나무류 30그
루를 베어냈다. 2017년 봄, 백로 떼는 중방마을 앞산을 더는 찾지 않았다.

현장을 찾았다. 황량함만 가득했다. 참나무와 백로가 떠난 민둥산엔
가시박이 뒤덮었다. 고사한 가시박 줄기에 돌돌 말린 어린 나무들이 비
명을 내질렀다. 동행한 이승현 숲 해설사는 이렇게 설명했다. "백로류
배설물의 요산 성분이 나무 생장에 영향을 주는 건 맞지만 갑자기 고사
시킬 정도는 아니에요. 죽는 나무가 일부 생겨도 갑자기 기하급수로 죽

는 것도 아니에요. 수십 년에 걸쳐 서서히 몇 그루가 고사하는 것 같아요. 그것도 인과관계가 제대로 연구된 적이 없어요. 오히려 나무를 베는 건 사람이죠." 그는 이어 말했다. "(사람이) 불편하다면서 이렇게 중요한 야생동물 집단 서식처를 아무렇지 않게 없애려고만 해요. 백로는 오래전부터 사람 근처에서 살던 동물이에요. 그런데 지금은 사람들이 같이 살아갈 궁리를 하지 않아요. 20년쯤 전 환경 단체에 있을 때 (원주시) 태장동 백로 서식처를 조사한 적이 있는데, 아파트 짓는다고 백로들이 살던 나무를 베어냈어요. 그 백로들은 다 어디로 갔을까요?"

나무와 백로가 떠난 민둥산을 가시박이 뒤덮다

사실 백로를 애물단지로 보고 나무를 고사시킨 범인으로 몰아세운 뒤 나무를 베는 방식으로 백로의 서식처를 없애는 일은 2010년 이후 전국적으로 벌어지는 현상이다. 경기 고양·성남, 충북 청주, 인천, 대전 등에서 같은 일이 벌어졌고, 갈등은 현재진행형이다.

다만 대전의 갈등은 대전시와 대전환경운동연합, 카이스트 등이 함께 머리를 맞대고 연구한 첫 사례로 주목할 만하다. 2001년 카이스트 내 어은동산에서 처음으로 백로 800여 마리가 확인돼 환영받았다. 하지만 10년여 만에 교내 여론은 돌아섰다. 소음과 악취 등으로 학생들이 불편을 호소했고, 2013년 간벌 작업이 이뤄졌다. 백로 떼는 인근 유성구 궁동공원(2013년), 서구 남선공원(2014년), 서구 내동초등학교(2015년) 등에서 번식하다가 2016년 다시 카이스트 북쪽 기숙사 뒤편 숲으로 돌아왔다.

대전시는 백로를 민원 처리 대상으로만 보지 않았다. 같은 해 대전발전연구원은 백로 연구를 시작했다. 백로 10마리에게 위치 추적기를 달아, 백로가 매일 5~32킬로미터를 날아다니며 먹이 활동을 하고, 겨울이 오면 4675킬로미터 떨어진 전북 새만금을 거쳐 중국 당양 등으로 날아간다는 걸 확인했다. 또 봄철 소음은 알에서 깬 새끼들이 먹이를 요구하는 소리라는 것도 조사됐다. 그러나 실제 백로와 같은 크기의 모형과 음향 시설을 설치해 주택가와 떨어져 있는 서구 월평공원으로 백로 떼의 이동을 유도했지만 실패했다. 패인은 '백로쯤은 잘 안다'는 착각 때문이었다.

이 실험에 참여했던 이경호 대전환경운동연합 사무처장은 "우리가 백로에 대해 안다고 생각했던 것이 틀렸음을 확인한 과정이었다. 월평공원도 분명히 백로가 좋아할 거라 생각했는데 가지 않았다. 아, 백로의 눈으로 보는 게 다르구나 생각했다"라고 말했다.

이 사무처장은 이어서 설명했다. "백로의 서식처를 없애는 건 폭탄 돌리기 같은 겁니다. 일단 백로가 스스로 서식처를 정했으면, 지방자치단체는 관리를 통해 불편이 최소화하도록 하고 시민들도 협력하면서 자연을 공존 대상으로 인식하고 함께 살기 위해 노력해야 합니다. 벌목은 결국 다른 지역으로 폭탄을 넘기는 일밖에 안 됩니다."

백로와 인간의 관계를 연구해온 성한아 카이스트 인류세연구센터 연구원의 설명을 들어봤다. 숲 전체로 봤을 때 백로는 하천 생태계와 산림 생태계를 연결해서 영양물을 순환시켜 숲을 건강하게 만들어준다. 서식처를 쉽게 바꾸지 않는 습성도 있다. 카이스트 기숙사 같은 인간 거주지 옆에서 집단 번식하는 것은 어떻게 봐야 할까. 삵이나 족제비 같은 포식자로부터 알과 새끼를 보호하려는 것으로 분석된다. 과거 농경 생활에서 백로가 인간 옆에 살았던 것도 같은 이유다. 삵과 족제비도 인간처럼 큰 동물들이 사는 거주지 쪽으론 잘 나타나지 않는다.

더욱이 갑천·대전천·유등천 등에 둘러싸여 있는 대전이 오래전부터 하천을 자연화하려고 시도하면서 백로가 살기엔 더 좋은 환경이 됐다. 대전이 전국 최대 백로 서식처가 된 배경으로 추정된다. 물론 백로의 행동은 여전히 많이 알려지지 않았다. 사실 백로와 관련한 갈등은 전국적인 이슈다. 국가적 관심과 장기적인 연구가 필요한 대목이지만 여전히 '백로 때문에 불편하다' '지자체는 대책이 없다'는 식의 단기적인 접근만 이뤄지고 있다.

백로에게는 배설물로 나무를 죽게 한다는 누명도 씌워져 있다. 그런

강원도 원주시 호저면 주산2리 중방마을 앞산이 가시박에 점령당했다.
원래는 아름드리 참나무류가 자라고 그 위에 백로들이 집을 지어 살던 곳이었다.

데 지구상에서 나무를 가장 많이 죽이고, 괴롭히는 것이 누구인가.

'구해줘 백로 홈즈' 실패에서 배울 것

백로를 '길조'라고 환영하다가, 얼마 지나지 않아 '유해조수' 취급하는 변덕스러운 인간의 마음은 다른 동식물에도 그대로 적용된다. 비둘기가 대표적이다. 1960~1970년까지만 해도 '평화의 상징'[3]으로 치켜세웠지만, '골칫거리'로 몰아세운 뒤 2009년에는 환경부가 '유해조수'로 규정했다.

식물 쪽도 비슷하다. 예를 들어 아까시나무는 황폐한 우리 산림을 푸르게 만든 공로를 칭송하다가 '생태교란종'이라고 일부러 제거했다. 그러다 양봉 농가들이 반발했고, 2022년부터 산림청이 나서서 밀원식물(꿀벌에게 꿀과 꽃가루를 제공하는 식물)이라며 다시 심고 있다. 1990년대 초반부터 '생태교란종' '독초의 대명사'로 지목돼 대대적 제거 대상이 된 미국자리공에 대해 김종원 박사는 이렇게 지적한다.

"식물에는 나쁜 식물이 있을 수 없다. (…) 토착식물종이 살지 못하도록 사람이 파괴해버린 땅에서 귀화식물은 오히려 그 상처를 치유하는 역할을 감당하는 경우가 대부분이다. 엄밀하게 말해서 자연생태계를 교란하는 생명체는 기실은 인간밖에 없다!"[4]

'대전 백로 연구'로 크게 바뀐 것 중 하나 있다. 백로에 대한 카이스트 학생들의 인식이다. 2022년 9월 카이스트 교내에서 열린 '백로 간담회'에서 한 학생은 "백로가 살던 곳에 인간이 들어온 것, 우리가 백로의 집을 침범한 것은 아닌가?"라는 질문을 던졌다. 교내 언론《카이스트신문》은 같은 해 10월 4일 사설에서 "캠퍼스는 인간과 이종의 다양한 행위자들이 공존을 연습하는 장이 되어야 한다"라고 주장했다.

성한아 연구원도 공존을 위한 연습을 강조했다. "대전시 등의 백로 연구도 그렇고요, 학생들과 모니터링하면서 백로가 어떻게 새끼를 기르는지 보고, 대전이 전국에서 가장 큰 둥지이며, 여기서 새끼를 낳아서 빨리 기른 뒤 베트남까지 간다는 사실을 깨달으면 백로가 다르게 느껴지거든요. 이렇게 백로가 사는 것을 보고 스토리텔링하는 것 자체가 백로라는 비인간 존재와 함께 살아가는 시도이고, 정말 중요한 거 같아요. 봄의 카이스트 기숙사는 닭장이 옆에 있는 것처럼 시끄럽고 냄새도 상상 이상이에요. 한창 시험공부를 해야 할 때 그런 불편을 겪죠. 그래도 이제 모든 학생이 백로는 내쫓자고 하진 않아요."

백로가 사는 그 숲과 나무의 주인이 정말 사람일까. 대규모 개발 때마다 개발업자들이 자연을 멋대로 파괴하면서, 전략환경영향평가서에 붙이는 단서 조항 속 '새들에게 제공할 대체 서식처'는 왜 지금껏 단 한 곳도 성공한 사례가 없을까.

과거 선조들은 백로와 잘 지냈다. 백로를 영험한 존재로 받아들여 그들을 존중했다. 우리가 지금 백로와 함께 살 수 있는 이유다. 지금 우리가 할 일은 뭘까. 백로들의 집단 서식처를 보장하고, 나아가 정부가 매입해 보호구역으로 설정하는 일 아닐까. 백로는 수백 년 이상 같은 곳을 찾고 있다. 여기가 그들의 집이다. 백로가 불편하다고 숲을 없애는 건 우리의 권한을 한참 넘어서는 일 아닐까.

중방마을 백로들의 주된 집이 돼주는 상수리나무는 참나무류 중에서도 가장 인간과 가까운 나무다. 깊은 산속에선 찾아볼 수 없지만 마을 인근 산에는 흔하다. 도토리로 식량을 제공하고, 죽어선 표고버섯 등의 식용버섯에 몸을 내준다. 과거엔 추운 겨울 은은하게 오래 타는 땔감으로도 많이 쓰였다. 그러면서도 다른 참나무류에 비해 빨리 자라 숲을 풍성하게 했다. 얼마 안 되긴 하지만 우리나라 중부 지방의 천연림을 우점하는 나무가 굴참·갈참·졸참·떡갈·신갈 같은 참나무류이다. 그렇게 흔했고, 사람의 사랑도 듬뿍 받았다. 노래로도 널리 불렸다. "뜰에는 반짝이는/ 금모래 빛/ 뒷문 밖에는/ 갈잎의 노래"(김소월, 〈엄마야 누나야〉 중) 겨우내 갈색 잎을 떨구지 않고 달고 있다고 참나무류를 '갈잎나무'라고도 한다. 백로가 불편하다고 상수리나무까지 베어내는 건, '비인간 이웃들'을 두 번 배신하는 일일 뿐이다.

치악산을 중심으로 산과 강, 들이 어우러진 이 고장은 큰 나무가 많은 곳이다. 중방마을 들머리엔 가슴높이 둘레가 4.2미터인 300살 마을 나무 느티나무가 우뚝 서 있었다. 또 인근 호저초등학교에는 150살가량으로 추정되는 가슴높이 둘레 5미터의 플라타너스 거목이 버티고 있다. 국내 최대·최고령 플라타너스로 추정된다. 플라타너스 역시 이렇게 거대한 '어머니 나무'로 성장할 수 있다는 것을 이 나무 아래에 서면 느끼게 된다. 무자비한 강한 가지치기를 남발하는 가로수 플라타너스 역시 '예비 어머니 나무'다. 원주는 또 우리나라에서 가장 부피가 큰 나무로 꼽히는 반계리 은행나무(가슴높이 둘레 16.9미터, 800살)의 고장이다. 이 큰 나무를 키워낼 만큼 살기 좋고, 자연을 보살필 만큼 인심도 넉넉한 고장이라는 방증이리라. 그래서 하늘과 인간을 이어준다는 새들도 즐겨 찾고 마음 놓고 둥지를 튼다.

조선시대 문인 양사언(1517~1584)은 시조 〈영백로(詠白鷺)〉에서 백로에 대해 이렇게 노래했다.

> 백로의 흰빛은 백옥처럼 희지만
> 백옥은 비록 희어도 날지를 못하네
> 백로의 흰빛은 눈처럼 희지만
> 백설은 비록 희어도 녹고 마르네

백로가 변한 걸까, 인간이 변덕을 부리는 걸까.

우리는 참나무 나라에 삽니다

'나무 지리'의 눈으로 세상을 바라보면, 우리나라는 참나무의 나라라고 할 수 있습니다. 전국 산림에서 참나무류(참나무속)의 비중은 24.2퍼센트(2013년 기준)로 가장 많습니다. 두 번째인 소나무(21.9퍼센트)도 꽤 많습니다. 다만 지난 수십 년간 산불이 나거나 각종 개발 공사 등으로 산림을 훼손한 뒤 정부나 지자체가 대규모로 소나무 식재를 해왔다는 점을 고려하면 자연 상태에서의 참나무 비중은 훨씬 높을 것으로 추정할 수 있습니다.

참나무라는 이름을 보면 선조들이 이 나무와 얼마나 오랫동안 가깝게 지냈고 아껴왔는지 짐작할 수 있습니다. '진짜' 나무라고 '참'나무입니다. 참나무류 중 '상수리'나무는 상실(橡實)이라는 한자어에서 온 말인데, 여기서 상(橡)은 머리보다 높은 최고의 나무라는 뜻입니다. 어둑어둑 숲이 우거진 산속에 사는 다른 참나무류와는 달리, 상수리나무는 햇빛이 잘 들고 사람들이 모여 사는 마을 가까이에 사는 참나무라 이런 거룩한 이름이 붙었을지도 모릅니다. 흉년이 들어도 주워 모은 도토리 양이 넉넉해 주린 배를 채워주니 참나무가 으뜸이고, 하늘이고, 하느님이었을 겁니다. 참나무류의 라틴어 이름인 쿠에르쿠스(Quercus)도 '진짜' '참'이라는 뜻입니다. 인류의 공통된 경험이 참나무라는 이름에 새겨진 것 아닐까요.

참나무는 권세 높은 사람들의 전유물이 아니라서 오히려 더 귀한 것 같습니다. 민초들이 붙인 참나무류 이름엔 정다움이 배어 있습니다. '갈색'으로 변한 잎사귀를 겨우내 달고 지낸다며 붙인 '갈'나무, '갈잎'나무, 쑤어 놓은 묵 맛이 '꿀'맛이라며 붙인 '꿀밤'나무 등등 다양했습니다. 잎사귀 하나 길이가 40센티미터도 넘는 떡갈나무는 음식을 '덮는' 참나무(갈나무)라는 뜻입니다. 남쪽 나라에서 커다란 바나나 잎사귀로 음식을 싸놓는 것과 비슷하지요. 탄닌이 풍부한 떡갈나무 잎은 음식이 빨리 부패하는 것을 막아줍니다. 졸참나무는 '도토리 키 재기'를 직접 해보면 그 이름의 연원을 쉽게 짐작할 수 있습니다. 통통한 다른 도토리들과 달리 졸참나무 도토리는 홀쭉한 모습입니다. 작다는 뜻의 '졸'이 붙을 만합니다. 신갈나무는 잎자루 쪽에서 잎사귀 끝으로 갈수록 펑퍼짐해지는 게 신발을 닮았습니다. 갈참나무는 참나무류 중에서도 가을 단풍 빛이 예쁘다는, '가을 참나무'라는 뜻입니다. 굴참나무는 수피를 보면 알 수 있습니다. 코르크 층이 두텁게 만들어져 '골'이 파져 있어서 '골참'나무, 즉 '굴참'나무입니다.

하지만 어느새 쌀은 알아도 벼는 잘 모르는, 도토리묵은 알아도 우리나라에서 가장 많이 사는 나무인 참나무는 보고도 알아채지 못하는 세상이 되었습니다. '쌀밥나무'라며 이팝나무로 향수를 자극하지만, 그 근원인 농사와 농민, 농촌은 소외받습니다. 이상과 현실, 언어와 현실이 서로 어그러지고 동떨어져 있습니다. 어쩌다 이렇게 됐지요? 나무를 대하는 마음에서 읽히는 것들이 참 많습니다.

우리나라에는 12종의 참나무가 삽니다. 상수리·굴참·갈참·물참·졸참·신갈·떡갈나무 등 일곱 종이 겨울이 오면 잎을 떨구는 '낙엽수'입니다. 한반도 전역에 삽니다. 겨울에도 잎을 달고 지내는 '상록수'로는 가시나무류가 있습니다. 역시 도토리가 열리는 참나무류로, 도톰한 잎이 왁스 층으로 반짝반짝 빛나는 조엽수(照葉樹)입니다. 남부 해안지방과 제주도에 사는데 가시나무를 비롯해 참가시·개가시·붉가시·종가시 등 다섯 종이 있습니다. 참, 가시나무류에는 가시가 없습니다. '가시'는 제주말로 도토리입니다.

또 참나무는 도토리를 맺는 주기에 따라 구분됩니다. 열매를 맺기 한 해 전

여름에 꽃눈을 만든 뒤 이듬해 가을에 결실을 맺는 상수리나무와 굴참나무가 있습니다. 2년을 공들여서 그런지 상수리나무와 굴참나무 도토리는 맛이 더 깊다고 합니다. 붉가시나무나 참가시나무도 2년 동안 도토리를 빚어냅니다. 반면 신갈·떡갈·갈참·졸참나무는 결실을 맺는 당해에 꽃을 피웁니다. 가시나무·개가시나무·종가시나무도 같습니다.

자세한 모양은 저와 여러분의 숙제로 남겨두겠습니다. 뒷산에 올라 식물도감을 펴놓고 잎 모양을 비교해보고, 털이 있는지 없는지 만져보고, 수피가 갈라진 걸 느껴보면 어떨까요. 봄에는 고양이 꼬리처럼 폭신한 연노랑 수꽃도 관찰해보고요. 참, 신갈나무는 잎자루 아래쪽에 사람 귀처럼 생긴 작은 잎이 돋아 있습니다. 꼭 확인해보세요. 가을에 도토리를 주워다가 키를 재보는 것도 재밌지 않을까요. 우리는 참나무의 나라에 살고 있잖아요.

광주 남구 양림동 수피아여고에 제13회 졸업생들이 60년 전 심은 낙우송.

19. 광주 수피아여자고등학교 로뎀나무

선생님을 닮은 로뎀나무가 되고 싶었다

원래 키가 작아 남쪽 지방에서 생울타리*로 많이 쓰이는 호랑가시나무. 광주 남구 양림산에는 이 나무들이 400년간 군락을 이뤄 키 5~6미터의 거목으로 자라 있다. 그 산비탈에 수피아여자고등학교가 자리 잡고 있다. 교정은 남동쪽의 플라타너스 무리와 북동쪽의 팽나무 무리가 울타리로 감싸고 있었다. 1908년에 학교를 세운 미국 선교사들이 고국에서 가져와 심은 100살 넘은 아름드리 은단풍나무·피칸나무도 학교 곳곳에 서 있다.

"1963년 이 나무를 심고 20년 되던 날 모였으며, 20년이 지난 오늘 다시 모였다. 20년 후 이 나무 밑에 모이기로 굳게 약속하였다. 나를 길러준 또 하나의 어머니-수피아, 삶에 지치고 외롭고 또 서로가 그리울

---

* 집 경계에 담벼락 대신에 심는 나무들을 생울타리라고 한다. 호랑가시나무 외에도 사철나무·화살나무·영산홍·탱자나무·회양목 등이 잘 쓰인다. 키가 작지만, 잎과 가지를 빽빽하게 내서 시야를 가리고 통행을 막아줘야 생울타리로 좋다.

때 우리의 안식처가 되는 로뎀나무 그늘이어라. 2003년 10월 3일 1962년도 제1학년(제13회 졸업생) 일동. A반 대표 박오장, B반 대표 이영현, C반 대표 조은." 학교 본관 동쪽의 낙우송 한 그루 앞에는 이런 표지석이 놓여 있다. 옆에는 나란히 1963년과 1983년에 세운 표지석이 보였다.

학생들 키보다 작던 묘목이 어른 나무가 되다

1962년 11월 어느 날 수피아여자고등학교 1학년 C반 종례 시간이었다. 여느 때처럼 길지만 즐거운 종례 시간이 시작됐다. C반 담임 한덕선 선생님이 책을 읽어주었다. 단짝이던 두 친구가 20년 만에 경찰과 도둑으로 만난 이야기를 그린 오 헨리의 단편소설 《20년 후》였다. 낭독이 끝나고, 20년 뒤를 기약할 나무 한 그루를 심자는 이야기가 오갔다. 이듬해 10월 9일, 한 선생님이 낙우송 묘목을 하나 구해와 C반 학생들과 함께 심었다. 나무 앞에는 "학급 기념식수 먼 훗날을 위하여 AFTER 20 YEARS"라고 새긴 팻말을 세웠다. 당시 서너 살가량 된 묘목의 크기는 키 1.17미터, 밑동 둘레 12센티미터였다.

"한덕선 선생님은 여학교에 처음 부임해 저희가 첫 담임 반이었어요. 별명이 '미스터 칩스'였어요. 《굿바이 미스터 칩스》(제임스 힐턴)라는 소설 속, 학생들에게 용기를 심어주는 선생님 같았죠. 화학 선생님인데, 종례 시간이면 가곡 〈겨울 나그네〉도 틀어주고 문학 작품들도 읽어줬어요. 종례 시간은 20분, 길게는 50분도 넘게 길어졌어요. 즐거운 시간이었어요. A반, B반에서 자기들 종례 끝나고 우리 반에 왔어요. (《20년

후》책 이야기가 나온 뒤) 누가 장난처럼 '20년 뒤에 만나자'고 했고 또 누군가 '그럼 20년 뒤 만날 나무를 심자'고도 했어요. (나무를 심고 나서 20년 뒤인) 1983년에 정말로 C반이 모였어요. (다시 20년 뒤) 2003년엔 A반, B반까지 다 같이 만났어요. 내년에 또 20년이 되는데, 나무는 더 오래 살겠지만 어쩌면 우리는 이번이 마지막이 되지 않겠냐… 이런 얘길 하면서 내년 모임을 준비하고 있어요."

C반 반장이던 조은 동국대학교 명예교수가 당시를 돌이켰다. 60년이 지나 열여섯 여고생은 일흔여섯이 됐고, '아기 나무'는 교장·교감 선생님 보다도 나이가 많은 '어른 나무'가 됐다. 처음 심을 때만 해도 학생들 키보다 작았던 나무는 1983년에 9미터, 2003년에 16미터로 쑥쑥 자랐다.

2022년 11월 3일, 수피아여자고등학교를 찾아 수형이 둥근 낙우송을 줄자로 재봤다. 2003년 1.32미터였던 가슴높이 둘레는 2.3미터로 더 굵어졌다. 다만 키는 19년 전보다 더 작아졌다. 2012년 태풍 탓에 나무가 상처를 입고 기울어 위쪽 30퍼센트가량이 잘려나갔기 때문이다. 졸업생들이 성금을 모아 지지대를 설치했지만 길쭉한 고깔 같은 수형이 특징인 나무가 둥그스름하고 짤막해졌다.

이날 세월을 지킨 낙우송 앞에 제13회 졸업생들이 섰다. 20년, 40년, 60년… 세월을 함께한 나무 덕에 학창 시절 기억이 또렷해졌다. 박오장 (A반 반장) 전남대학교 명예교수는 2003년 모임 때 한덕선 선생님의 권유로 성경 구절("로뎀나무 아래에 누워 자더니 천사가 그를 어루만지며 그에게 이르되 일어나서 먹으라 하는지라", 열왕기상 19장 5절)을 읽은 이야기를 전했다. "그간 이 나무의 의미를 깊이 생각 못 했어요. 그런데 성경 구절을 읽으면서 '아, 이 나무는 세상 속 시련을 겪다가 돌아올

수피아여고 낙우송의 캐노피.

학생들이 쉴 곳이었구나. 로뎀나무 그늘이구나. 쉬면서 새 힘을 얻는 곳이구나' 생각했어요."

자기 반 종례를 마친 뒤 C반으로 뛰어가 두 번째 종례를 즐기던 '용감한 학생' 이영현(B반 반장) 전 광주보건대학교 교수가 기억을 보탰다. "선생님 딸 현희가 우리의 8년 후배예요. (선생님이) 병상에 계실 때 찾아뵈니, 제가 13회 졸업생인 건 아는데 딸이 몇 회 졸업했는지는 못 맞히시더라고요. 그 정도로 우리를 특별하게 생각했어요. 2019년 봄, 선생님이 돌아가시고 뒤늦게 낙우송의 꽃말이 '남을 위한 삶'인 걸 알고 다들 '아…' 하고 끄덕였죠." 요양원을 운영하는 박영숙 씨(C반)는 "(60주년을 앞두고) 1970년에 결혼할 때 가져간 보따리를 처음 풀어봤다"라며

1963년 나무를 심을 당시 낙우송을 배경으로 담 너머 살던 선생님 가족, 기숙사 친구들과 함께 찍은 사진을 보여줬다.

작가인 정화신 씨(B반)는 한덕선 선생님이 수업시간에 했던 말들을 하나하나 기억했다. "화단을 가로질러 가는 사람은 피타고라스의 법칙은 알지만 꽃을 밟고 가는 것이 나쁘다는 것을 아는 지혜가 없는 사람이다" "눈물을 화학적으로 분석하면 소량의 물과 염분뿐이지만 어머니의 눈물에는 화학 방정식만으로는 규정할 수 없는 더 많은 것, 사랑이 들어 있다" 등이었다. 정 작가는 "미남도 아니고 인기 과목을 맡은 것도 아닌데 한 선생님의 수업을 기다렸어요. C반 친구들을 보면 등불을 켠 듯 환했는데, 돌아보면 사랑받고 인정받는다고 느낄 때 생기는 자신감이었던 것 같아요"라고 말했다.

조은 명예교수는 유학 뒤 귀국해서 전해 들었던 1980년 광주항쟁 때의 이야기도 전했다. 휴교령이 내려진 상황에서 기숙사와 합숙반 학생들이 시내로 진출하려고 학교 밖으로 몰려나오자 한덕선 선생님이 교문에 드러누워 학생들을 막아 나섰다는 것이다. "교문 밖으로 나가면 죽거나 다칠 것을 알았던 선생님이 학생들을 막았고, 학생들도 차마 한 선생님을 밟고 갈 순 없어 발길을 돌렸을 거예요. 그래서 한강의 소설 《소년이 온다》에 나오듯 수피아여자고등학교 학생들이 (죽거나 다치는 대신) 주검을 거두는 일을 도울 수 있었을 겁니다."

화려하진 않지만 소중하고 우람한

코끝이 찡했다. 올려다보니 낙우송 나뭇가지를 따라 난 가늘고 긴 낱낱의 잎이 꼭대기부터 붉게 단풍이 들고 있었다. 겨울이 오면 온통 붉게 변한 잎이 가지째 뚝뚝 떨어진 모양새가 꼭 새의 깃털 같다고 해서 낙우(落羽)송이다. 솔방울과 비슷하지만 비늘 모양 조각들이 떨어지지 않고 붙어 있는 것이 특징인 구과(열매)도 풍성했다. 낙우송 구과는 새나 다람쥐의 식량이 된다.

이날 교정에서 만난 수피아여자고등학교 교감은 "우리 학교엔 셀 수 없을 정도로 나무도 많고 기념식수도 많지만 이렇게 20년마다 졸업생들을 모이게 하는 나무는 이 낙우송이 유일하다"라고 말했다. 이 특별한 사연은 후배들에게 영감을 줬다.

"40여 년 동안 모진 풍파와 비바람을 다 맞으며 견뎌왔을 내 나무(낙우송)와 대화를 하다보면 어느샌가 속이 후련해지곤 합니다. (…) 비록 동백꽃이나 벚나무처럼 화려하진 않지만 저의 마음속의 내 나무(낙우송)는 세상 그 어떤 나무보다 소중하고 아름답고 우람한 존재입니다." 2003년에 중학교 2학년이던 김소정 학생이 〈수피아 100년사〉[1]에 적은 내용이다.

60년 전 심은 낙우송처럼 59년 전, 58년 전에 심은 '제2, 제3의 낙우송'은 왜 없을까. 한덕선 선생님은 이 학교에서 14년간 근무했다. 수피아여자고등학교를 졸업한 뒤 이 학교에서 30년가량 국어를 가르친 오흥숙(1969년 제17회 졸업) 수피아장학회 이사장의 설명이다. "(낙우송 같은) 기념식수는 매년 합니다. 우리 동창들도 한덕선 선생님께 배웠고, 꽝꽝

서울 공덕동 효창공원의 낙우송 무릎뿌리.

나무를 심었어요. 그런데 학교에서 새로 건물을 짓는다고 말도 없이 베어버렸어요. 그렇게 옮겨지거나 베이면서 사라집니다. 심긴 했어도 졸업생이 다시 찾지 않기도 해요. 그래서 저 낙우송이 특별한 겁니다."

낙우송의 특징인 지상으로 뽈록뽈록 솟은 공기뿌리의 일종인 '무릎뿌리(knee root)'를 찾았지만 보이지 않았다. 낙우송 주변이 시멘트 길로 덮여 있었다. 낙우송 생육에 좋은 환경은 아니었다. 걱정스러운 마음으로 살펴보니 타고난 건강 체질답게 빽빽한 수관을 보고 가슴을 쓸어내렸다.

선생님은 왜 낙우송을 심자고 했을까

낙우송류의 나무는 오래 사는 것으로 유명하다. 미국 남동부에 있는 낙우송 군락지에서는 보통 600년, 길게는 1200년 이상씩 산 나무들이 숲을 이룬다. 전설이 되기에 충분한 시간이다.

왜 낙우송이었을까. 한덕선 선생님에게 제자들은 미처 묻지 못했다고 한다. 정화신 작가가 '2003년의 40주년 만남을 돌이키며 쓴 수필에 그 답이 일부 담겨 있다. "선생님은 언젠가부터 신화와 전설의 자리로 가 있던 낙우송을 다시 안식의 나무, 만남의 나무로 우리 안에 심어주고 싶으셨는지 모른다. (…) 이제 바라기는 우리 안에 심은 로뎀나무가 교정에 있는 낙우송처럼 세월 따라 그늘 넉넉한 나무로 자라서 그 그늘 아래서 쉼을 얻고 다시 새 길을 떠나는 수피아 식구들이 많아지면 좋겠다. 그러다가 어느 날 문득 선생님 닮은 로뎀나무가 되어 있는 자신을 발견하게 된다면 정말 좋을 일이다."

2023년 10월 11일 수피아여자고등학교 제13회 졸업생 50여 명이 다시 낙우송 아래 모였다. 세 번째 20년, 즉 식수 60년 행사에서 졸업생들은 세 번째 표지석을 세워 이렇게 기록했다. "낙우송 심고 세 번째 20년을 맞아 우리 여기 나무 아래 모여 함께한 시간과 따뜻한 기억을 담아 여전한 꿈을 심는다. 이야기가 있는 나무가 품은 연대와 그리운 마음을 더해 '20년 후의 자화상 그리기'를 전수하며 미래에 대한 눈부신 상상이 수피아인의 가슴에 면면히 이어지기를."

무릎뿌리에 반응하기

서울 공덕동 만리재에 있는 제 일터 근처엔 효창공원이 있습니다. 점심을 먹고 종종 동료들과 산보를 합니다. 어김없이 공원 북동쪽 언덕의 낙우송 앞에서 발걸음을 멈춥니다. 커다란 생강이나 버섯 같기도 하고, 송아지 무릎 같기도, 잘린 밑동 같기도 한 무릎뿌리 십여 개가 낙우송 2~3미터 반경에 올록볼록 솟아 있습니다. 아무리 무뚝뚝한 동료라도 이 개성 넘치는 생명체의 생명 활동에는 반응을 보입니다.

사실 무릎뿌리는 아주 오랫동안 식물학자들의 흥미를 자극했습니다. 낙우송은 원래 멀리 미국 남동부 습지대에 살았습니다. 물속에 잠긴 뿌리를 대신해서 일부 뿌리를 물 밖으로 빼내 숨을 쉬는 것(산소 공급)이라는 설명이 나왔습니다. 또 허리케인 등 해마다 반복되는 강풍을 막기 위해 무릎뿌리를 내어 큰 몸체(20~30미터)를 지탱(기계적 지지)한다는 이론도 나왔고요. 탄수화물 등 영양분을 축적하는 기관이라는 가설도 있었습니다. 하지만 205년 전인 1819년 프랑스 생물학자 프랑수아 앙드레 미쇼(François Andre Michaux)가 "그들의 존재에 대해 어떤 명분도 부여할 수 없다"라고 한 이래, 아직 어떤 설명도 일반적으로 통용되지 않고 있습니다. 이를테면 산소 공급 가설에 대해서는, 무릎뿌리를 밀폐된 공간에 두고 산소 고갈 정도를 측정해보니 큰 변화가 없었다는 식으로 반박이 가능했다고 합니다.

한 가지 분명한 것이 있습니다. 약 7000만 년 전 백악기 후반, 낙우송 부류(낙우송속)가 처음 출현했을 땐 무릎뿌리가 필요했던 강력하고 분명한 이유(환경 압력)가 존재했다는 점입니다. 이 환경 압력은 세월의 깊이 속에 상실됐을 가능성이 큽니다. 인간이라는 신생 생명체가 부단히 노력한다고 해도 그 비밀은 드러나지 않을 수 있습니다. 낙우송과 그 시간을 존중합니다.

낙우송(落羽松)이라는 이름도 참 예쁩니다. '새 깃털 같은 잎을 떨구는 소나무(구과식물)'라는 뜻입니다. 낙우송은 구과식물 중에선 측백나무랑 닮았습니다. 옆으로 눌러놓은 듯한 잎을 갖습니다. 다만 다른 대부분의 구과식물은 늘 푸른 상록침엽수입니다. 반면 낙우송은 낙엽침엽수입니다. 겨울이 오면 붉게 단풍이 들고 잎을 떨굽니다. '대머리 사이프러스(bald cypress)'라는 영어 이름도 이런 특징을 반영합니다.

천천히 오래 살고 크게 자라는 것도 낙우송의 특징 중 하나입니다. 미국 플로리다 빅트리파크에는 3500살 된 인기 많은 낙우송이 살았습니다. '상원의원(the senator)'이라는 이름이 붙었다고 합니다. 우리나라로 따지면 정2품송*같달까요. 이 낙우송은 키 50.3미터에 직경 17.5미터에 달하는 어마어마한 거구였습니다. 하지만 1926년에 허리케인으로 부러져 키는 38.4미터로 줄었습니다. 2012년 1월 16일, 한 주민이 '상원의원'의 동공 속에 들어가 고의로 불을 질렀습니다. 이 주민은 불이 붙는 모습을 영상으로도 찍었다고 합니다. 정말이지, 더 생각하고 싶지 않습니다. 현재는 밑동만 남은 상태라고 합니다.

우리나라에 낙우송이 들어온 건 1800년대 후반으로 추정됩니다. 미국 남동부 출신의 남장로회 선교사들이 고향에서 들고 와 직접 세운 학교 교정에 심고

---

* 충청북도 보은군 속리산면 상판리에 있는 수령 600~700년의 소나무(천연기념물 제103호). 1464년, 세조가 속리산 법주사로 행차할 때 타고 있던 가마가 소나무 아랫가지에 걸릴까 염려하던 차에 소나무가 스스로 가지를 번쩍 들어올려, 세조가 이 나무에게 정2품 벼슬을 내렸다는 전설로 알려졌다.

공원에 심었다고 합니다. 습지대 출신이지만 다행히 메마른 곳에서도 잘 자라 전국 곳곳에서 제법 굵직한 거목들로 자라고 있습니다.

경남 창원시 진해구 중원로터리.

20. 진주 중원로터리 나무 신

⌄

1200살 팽나무가 이 넓은 로터리를 꽉 채웠던 때를 상상해보라

한때 나무 신이 살았다는 터는 차들이 뱅그르르 돌아가는 로터리가 됐다. 2023년 11월 9일 오후, 경상남도 창원시 진해구 중원로터리 한 귀퉁이에 비둘기 수십 마리가 내려앉았다. 1962.5제곱미터의 잔디로 덮인 넓은 로터리를 중심으로 여덟 갈래 대로가 뻗어나가고, 그 길을 뼈대로 균형 잡힌 바큇살 모양의 도시(진해 원도심)가 형성된다. 1950년대 초에 고사한 로터리의 팽나무는 생전에 높이 15미터, 가슴높이 둘레 9미터 크기의 거목으로, 풍성한 수관을 내 지금의 로터리 자리를 가득 채웠었다. 창창했던 당시 모습이 엽서와 사진으로나마 전해진다.

'한국인 거주 불가' 신도시의 마스코트가 된 진주 팽나무

이 거목은 원래 중평마을의 당산나무였다. 마을은 뒤로 장복산에 기대고, 앞으로 산세 사이사이로 포구 세 곳(현동만·중평만·행암만)이 언뜻 내다보이는 비옥한 중평 들녘 한복판을 차지했다. 주민들은 농사일을 하다가 이 나무 그늘에서 잠시 쉬며 얘기를 나눴다. 그러나 일제가 패권을 확장하며 진해만 일대를 군사기지로 삼으면서 모든 것이 달라졌다. 1904년 한일의정서를 통해 진해 병영 건설을 공식화했다. 백지장 위에 그림을 그리듯 도시건축가가 그린 기하학적 선이 땅 위에 그대로 재현됐다. 중심에 개선문이 있는 프랑스 드골광장 등 근대 다수 유럽 국가가 채택한 방사형 구조를 모방했다. 우리나라 첫 근대 계획도시였다. 일제는 1906~1912년 중평마을 등 11개 농어촌 마을에 살던 2000여 명을 총칼로 내쫓았다. 그렇게 빼앗은 땅 12만 평에 군항과 일본인을 위한 신도시를 세웠다. 한국인들은 '위생 문제 때문에' 신도시에 거주할 수 없었다.

진해 원도심이 욱일기를 본떴다고 하는 사람들도 있지만, 그 근거를 대는 사람은 없다. '모양이 욱일기와 비슷하다'는 식이다. 일제가 남긴 문헌에도 그런 기록은 없다. 하지만 진해에 일제 계획도시가 들어설 당시, 유럽 전원도시에는 방사형이 흔했다. 이런 유행을 따라 방사형을 채택했다고 보는 것이 타당하다. 러시아가 중국 다롄·선양에 건설한 도시도 방사형이었다. 방사형은 공간을 권위적으로 형성한다. 그 중심에 동상을 세운다거나 분수를 놓고 도시 어디에서나 그것이 보이도록 설계하는 것이 특징이다. 중앙으로 교통이 집중된다는 단점이 두드러지는데, 교통량이 너무 많은 지금은 이런 방사형 도시가 효율적이지 않아 더는

기획되지 않고 있다.[1]

　일제는 집도 논밭도 싹 쓸어버렸지만 이 거목만은 그대로 뒀다. 진해대가(鎭海大榎)라 이름 붙이고 도시의 중심으로 삼았다. 또 수관폭 아래를 돌로 뱅 둘러 울타리도 세웠다. 일제는 본국에 방사형 도시 구조와 진해대가를 앞세워 '동양무쌍*의 대군항' '시드니 다음가는 미항' 등의 수식어를 붙여 홍보하며 이주를 권유했다. 일제강점기 진해에서 서점과 신문보급소 역할을 하던 마쓰오박신당이나 이시카와사진관이 이 팽나무 사진을 담은 엽서 등을 기념품으로 제작했다. 특별한 전리품을 갖고 싶었기 때문이라는 지적도 있다. 큰 나무에 정령이 있다고 믿으며 경외심을 갖는 건 일본과 한국이 공유하는 정서다.

일제강점기에 발행된 1200살 진해 팽나무 엽서. 마쓰오박신당 발행.

---

* 동양에 견줄 만한 것이 없을 정도로 뛰어나다는 뜻.

1932년 진해에서 태어나 어린 시절을 보냈고 《옛 조선 진해 마쓰오박 신당 이야기》를 쓴 마쓰오 히로후미도 번역자들을 만나 "1945년 8월 일본으로 귀환한 뒤 진해를 세 번 방문했는데, 그때마다 가장 그리운 것은 중원로터리의 큰 팽나무였다"라고 돌이켰다고 한다.

신라가 삼국을 통일할 즈음 내린 뿌리

당시 일제가 추정한 수령은 1200살. 팽나무는 성장이 더딘 수종인 데다, 경북 예천 금남리에 500살 이상으로 추정되는 천연기념물 황근목(팽나무)의 가슴높이 둘레가 5.6미터인 점 등을 고려하면 신라가 삼국을 통일할 즈음 뿌리를 내렸을 것이라는 추정이 근거 없는 과장만은 아니다. 이경준 서울대학교 임학과 명예교수는 "가슴높이 둘레 9미터라면 빨리 자라는 느티나무는 300~400살 정도지만 팽나무의 경우엔 1000살 이상일 수 있다"라고 말했다. 다만 이 실측 자료가 불분명해 정확한 나이는 알 수 없다. 430~650살이라는 전문가 분석도 있다. 분명한 것은 균형 잡힌 수형을 가진, 압도적으로 큰 고목이 신도시가 건설되고 약 40년 만인 한국전쟁 중에 고사했다는 사실이다.

지역에는 진해 팽나무가 고사한 이유로 두 가지 설이 전해지고 있다. 먼저, 수명이 다 해서 죽었다는 설이다. 하지만 1200살이었다는 것 말고는 어떤 근거도 없다. 도시 건설로 생육 상태가 안 좋아져 고사했다는 추측도 나온다. 그 팽나무가 원래 서 있던 곳은 물이 풍부한 들판이었다. 도로가 들어서고 집들이 세워지면서, 여좌천 직선화 공사로 물길이 바뀌면서 가물고 뿌리를 제대로 뻗을 수 없게 돼 고사했다는 설이다.

도시라는 환경, 특히 지표면 위의 모든 것을 밀어버리고 아예 인위적인 환경을 이식하는 '재개발'은 노거수에 치명적이다. 일제강점기 때 사진들을 보면 '진해 나무 신'도 수관 아래를 1미터 높이 흙으로 덮은 것을 확인할 수 있다. 이것이 신이 죽게 된 원인일까.

이런 복토가 나무를 죽게 한다는 건 수목생리학자들의 공통된 의견이다. 노거수는 바로 죽는 게 아니라 10년 이상에 걸쳐 죽는다. 밑동 쪽이 뱅뱅 돌아가며 썩어서 죽어간다. 지표면에 있는 잔뿌리가 숨을 못 쉬니까 잎에서 만들어진 탄수화물이 내려오지 못해 썩어서 죽는다. 심지어 과거엔 천연기념물로 관리돼도 이런 비극이 반복됐다. 나무에 대한 잘못된 이해가 나무를 죽게 한 것이다. 2004년 보은(충북) 백송이 고사한 것도 1985년 1미터가량의 석축을 쌓아 복토한 것이 원인으로 규명됐다.

경기도 양평시 용문사의 1100살 은행나무도 1919년 일본 학자가 측정했을 때 63미터로 세계에서 가장 키가 큰 은행나무로 기록됐다. 그즈음 이 나무를 보호하려 용문사에서 석축을 쌓았고 이로 인해 수세가 약해져 1962년 천연기념물로 지정될 때의 키는 42미터, 2005년 재측정 땐 39미터로 줄어들어 있었다.

문화재청 문화재위원으로 용문사 은행나무와 보은 백송 등을 직접 조사한 이경준 서울대학교 명예교수의 설명을 들어봤다. 병충해나 산불 등 용문사 은행나무의 키가 줄어들 만한 다른 이유는 확인되지 않았다. 그냥 뒀을 땐 잘 자라던 나무에 사람들이 관심을 가지면서 '뿌리가 노출됐네, 덮어줘야지' 하면서 복토한다. 100년 이상 된 나무들은 뿌리가 굵어져 지표면 위로 올라오는 게 자연스러운 일인데, 사람들은 그

걸 이해하지 못한다. 그렇게 나무는 위험해진다. 나무가 1000년을 산다는 건 우연히 좋은 환경이 겹쳐야만 가능하다. 가뭄이 올 수도 있고 갑작스러운 한파가 올 수도 있다. 용문사 은행나무는 깊은 계곡 옆에 마르지 않는 개울물이 흘렀던 것이 오래 살 수 있었던 원인으로 판단된다. 진해 팽나무도 분명히 오래 살도록 해준 환경이 있었을 것이다. 아마도

경상남도 창원시 진해구 괴정마을 팽나무 군락지.

중원로터리 약 70미터 서쪽으로 흐르는 여좌천이 바로 한 알의 씨앗이 1200살을 사는 신이 될 수 있었던 기적을 만들었을지 모른다. 다만 구불구불 흘렀던 여좌천은 일제에 의해 일직선으로 쫙 펴진 상태다. 직선화된 하천은 도시개발 등 공간 활용에는 효율적이다. 하지만 뿌리를 내목을 적시던 거목에는 어떤 영향을 미쳤을까.

일본의 군국주의가 이순신의 호국정신으로

"낮에는 하루 종일, 밤에는 밤새도록 벚꽃 구경이 끝없네. 말을 탄 채로 들어가면 말을 잃어버릴 정도로 멋진 벚꽃."[2] 일제강점기에 진해를 방문한 일본인 오카 모쿠도는 《진해요람》(1926)에 이러한 감상을 남겼다.

팽나무는 사라졌지만, 봄마다 벚나무 수만 그루가 수백만, 수천만 꽃잎을 흩날리는 모습을 보려고 사람들이 중원로터리로 몰려드는 건 일제강점기 때나 지금이나 똑같다. 충매화* 식물인 벚나무는 수분에 성공하고자 벌·나비 등 곤충의 눈에 잘 띄려고 잎도 없이 지난해 축적한 에너지로 화려하게 꽃부터 피운다. 풍매화**로 수분을 바람에 맡겨, 수수하게 옅은 녹색 꽃을 피우는 팽나무와 대비된다. 그러면서 벚꽃은 '시각의 동

---

* 곤충에 의하여 꽃가루가 운반되어 수분이 이루어지는 꽃. 대개 꽃잎이 아름답고 꽃가루에 점성이 있으며, 특유한 향기를 내기도 한다. 개나리꽃·무궁화꽃·호박꽃 등이 여기에 속한다.
** 바람에 의하여 꽃가루가 운반되어 수분이 이루어지는 꽃. 대개 빛깔은 화려하지 않고, 꽃가루는 가볍고 양이 풍부하며, 바람에 쉽게 날린다. 벼·뽕나무·소나무·은행나무 따위의 꽃이 여기에 속한다.

물'인 사람을 한순간에 잡아끌어 감정을 담게 하고 의미를 부여하게 한다. 사람들이 벚나무를 좋아하는 이유다. 2023년 5월 산림청이 발표한 〈산림에 관한 국민의식 조사〉에서 소나무(46.2퍼센트)에 이어 우리 국민이 가장 좋아하는 나무 2위로 벚나무(21.1퍼센트)가 꼽혔다.

벚나무의 화려함은 공동체 이념을 강조할 때 악용되기도 했다. 일제가 '군국(軍國)의 꽃'이라며 10만여 그루의 벚나무를 진해 시가지에 심은 것이 대표적이다. 이때 벚나무는 나무 전체를 뒤덮을 정도로 많이 피었다가 마치 눈보라처럼 지는 화려한 꽃이 특징인 '소메이요시노'(일본 왕벚나무)라는, 1800년대 중후반에 개량된 품종이다. 제2차 세계대전 말기, 군인의 전사를 미화하는 데 '벚꽃 낙화' 이미지가 동원되기도 했다.[3]

해방 후 반일 감정과 경제난에 진해 시가지 벚나무들은 상당수 땔감 등으로 쓰이며 사라졌다. 그러나 이후 기막힌 반전이 일어났다. 1963년에 벚나무를 다시 대대적으로 심은 것이다. 《진해시사》[4]를 보면 4월에 태어난 이순신 장군을 기리면서 진해를 벚꽃놀이 명소로 만들어 관광도시 위상을 되찾겠다는 것이 목적이었다. 이렇게 군국주의를 상징하던 벚나무는 '이순신 호국정신'을 상징하게 됐다.

동시에 '소메이요시노의 원산지가 제주도'라는 주장도 제기됐다. 지금까지도 창원시 등이 대대적으로 홍보하는 내용이다. 하지만 2018년 국립수목원은 《게놈 바이올로지》에 실린 논문에서 "제주 왕벚나무와 일본 왕벚나무는 뚜렷하게 구별되는 서로 다른 식물"이란 결론을 내렸다. 또 사단법인 '왕벚프로젝트 2050'가 2023년 3월 조사한 결과, 진해 지역 왕벚나무는 96퍼센트가 일본 왕벚나무, 즉 소메이요시노라고 밝혀졌다.

"사람들은 역사와 전통이 원래 있는 과거의 이야기라 생각하지만 대부분은 과거 일 중 일부를 변형한 허구가 가미되어 있다. 역사 속 인물 이순신도 신화가 되면 허구와 재조합된다. 진해 벚꽃놀이 역시 1950~1960년대 폐허 속에서 무리하게 전통 만들기가 이뤄진 것으로 보인다. 의도적 거짓말이라기보다는 사실과 다른 단단한 어떤 지표가 원래 있었다는 식으로 포장됐으리라. 일본 전통을 한국의 것으로 만들고 싶은 사람들의 욕구가 반영된 것 같다." 오영진 문화평론가가 말했다.

나무 신의 모습을 다시 보는 방법

포구가 있는 바닷가가 팽나무의 주 서식처다. 비교적 염분에도 강하다. 이날 중원로터리 팽나무와 같은 팽나무들이 자생하는 진해의 남동쪽 포구마을인 괴정마을을 찾았다. 마을 뒤쪽 언덕에 수십, 수백 살 팽나무 십수 그루가 하나의 큰 수관을 이루고 있었다. 가장자리부터 누렇게 단풍이 들어가는 겉모습과 달리 안쪽은 여전히 창창했다. 수관이 하늘을 가렸다. 경사면이 비바람에 깎이면서 드러난 뿌리는 서로 엉겨 붙어 캄보디아 시엠레아프(시엠립)의 스펑나무와도 닮아 있었다. 이날 함께 진해를 둘러본 박정기 '노거수를 찾는 사람들' 대표활동가가 이 현상에 대해 설명했다. 팽나무는 뿌리가 땅에 드러나면 뿌리가 줄기화되면서 부피가 성장하고, 너럭바위처럼 된다. 광합성으로 만든 탄수화물을 줄기화된 뿌리 쪽으로 집중적으로 보내면서 생기는 현상이다.

중평마을 나무 신은 어떤 모습이었을까. 주민들은 물론 일제 군인들까지도 절로 고개를 숙이게 한 그 모습을 다시 볼 방법이 있을지 모른다. 주변의 노거수들을 아끼는 것 아닐까.

박정기 대표활동가는 "중원로터리 팽나무가 고사한 자리에 느티나무가 심어졌다가 분수대가 조성됐고 지금은 빈 공간이 돼 있다. 팽나무는 앞에는 바다, 뒤로는 낙동강을 둔 창원 지역의 깃대종입니다. 중원로터리에 팽나무를 심는 건 끊어진 지역사를 잇는 일이라고 말했다. 팽나무를 다시 심자는 주장도 나온다. 지금 심은 나무는 300년 뒤 300살 고목이 되고 1200년 뒤엔 1200살 나무 신이 될 수 있다. 지금 시작해야 전설이 된다. 가장 빠른 길이기도 하다.

《진해요람》를 보면 중원로터리와 관련된 하이쿠 한 편이 등장한다.

봄·가을 어느 계절이 낫냐니 말문이 막히네, 저 큰 팽나무.

히말라야 산자락에서 온 나무 신

벚나무만큼 진해 시내에서 흔하게 볼 수 있는 도시 나무 중 하나가 히말라야시다입니다. 히말라야 북서쪽 끝자락에 있는 아프가니스탄 동부 지역이 고향이라서 '히말라야'라는 이름이 붙었습니다. 거뭇거뭇한 수피에 짙은 녹색의 바늘잎을 달고, 몸통이 곧게 쭉 뻗은 히말라야시다를 보면 용맹해 보이고, 듬직한느낌이 절로 듭니다. 시다(cedar)라는 말은 특정 그룹의 나무를 지칭하지 않습니다. 히말라야시다(소나무 가문)나 일본시다(japanese cedar, 측백나무 가문)로 불리는 삼나무처럼 하늘 높게 쭉쭉 뻗은 나무들을 일반적으로 '시다'라고 합니다.

이 나무에 붙여진 우리말 이름들을 톺아보면, 그 어긋남이 참 재밌습니다. 우리말 이름은 개잎갈나무입니다. 풀어보면 잎갈나무(이깔나무)랑 비슷한 데 '가짜'(개-)라는 의미입니다. 잎갈나무랑 비교당하는 개잎갈나무 입장에선 억울한 소리일 것 같습니다.

심지어 이 둘은 달라도 너무 다릅니다. 백두산 한랭한 숲이 고향인 잎갈나무의 그 이름은 겨울이 되면 '잎'을 떨군다('갈'아치운다)는 데서 붙었습니다. 소나무처럼 바늘잎을 가진 '침엽수'임에도, 낙엽이 지는 '낙엽수'라는 의미입니다. 잎갈나무의 친척뻘 되는 일본잎갈나무를 '낙엽송(落葉松)'이라고 부릅니다. 잎갈나무, 이깔나무, 낙엽송 모두 '낙엽이 진다'는 특징을 표현하려 한, 사실 다 같은 이름입니다.

반면 히말라야시다는 겨울에도 말짱하게 잎을 달고 있습니다. 분류 그룹도 잎갈나무나 일본잎갈나무는 잎갈나무 가문(잎갈나무아과)인데 비해, 히말라야시다는 전나무가문(전나무아과)입니다.

이 나무의 라틴어 이름은 데오다라(deodara)로 '나무(dara) 신(deo)'라는 뜻입니다. 즉 신목입니다. 고향 쪽인 인도에서 부르는 산스크리트어 이름에서 땄습니다. 잎갈나무랑 비슷하지도 않은데, '개-'까지 붙인 개잎갈나무라는 이름이 입에 잘 붙지 않습니다.

그런데 왜 히말라야시다는 나무 신이 됐을까요. 강원도 강릉의 강릉중앙고등학교(옛 강릉농업고등학교) 교정에 가보면 알 수 있습니다. 입이 떡 벌어질 정도로 웅장한 히말라야시다가 서 있습니다. 키 30미터에 가슴높이 둘레 5미터에 달합니다. 사방으로 뻗은 수관도 25미터로, 전체적으로 보면 아래쪽이 짧은 다이아몬드 모양입니다. 멀리서 보나 가까이 가서 보나 장관입니다.

1921년생으로, 이 거목의 나이는 100살이 넘습니다. 기록도 정확하게 남아 있습니다. 나무 옆 기념석에는 "1931년 제1회 졸업 기념으로 식수한 것을 1941년 제12회 졸업생이 교사 이전(당시 20년생) 기념 식수한 것으로 학교의 상징적인 나무로서 추대받음"이라고 적혀 있습니다.

2005년 전북대학교 박물관 앞 상징목인 히말라야시다가 갑자기 베인 일이 있었습니다. 이 학교를 방문한 당시 문화재청장이 전북대학교 총장에게 "히말라야시다는 박정희 정권 시절 대규모로 식재된 친일 잔재라서 박물관과 어울리지 않는다"며 벨 것을 권유한 데 따른 것입니다.[5] 진해 히말라야시다 가로수 길도 박정희 전 대통령이 아꼈기 때문에 심긴 '정책 수종'으로 알려져 있습니다. 유명한 동대구로 히말라야시다 가로수 길도 마찬가지입니다.

그런데 1930년경에 이미 강원도 강릉 지역까지 진출한 것을 보면 히말라야시다는 박정희 정권 훨씬 이전부터 이 땅에 정착해왔다는 사실을 알 수 있습니다. 강릉농업고등학교 졸업생은 물론 무수한 사람들의 마음을 담아 왔고, 토양 미생물들과 주변 동식물들과 관계를 맺어온 히말라야시다의 정착사를 '박정희'라는 키워드 하나만으로 풀어낼 수는 없는 일입니다. 이 튼튼하고 듬직한 나무에 설사 누군가의 욕망이 투영돼 있다고 하더라도, 그 일방적인 대상이 됐을 뿐인 나무를 베거나 괴롭히는 건 생명 경시라고밖에는 달리 설명할 길이 없습니다.

서울 강서구 가양동에 자리한 궁산의 물푸레나무 구간.

21. 서울 궁산 나무 지도

⌃

이웃에게 나무 내음을 전하는 일

가을이면 숲속 어딘가에서 솜사탕 같기도 하고 캐러멜이나 요구르트 같기도 한 달콤한 향기가 난다. 여러 번 가까이 다가가면 계수나무 군락 아래 발길을 멈추게 된다. 잎에 코를 대본다. '아…' 겨울엔 하얗게 유독 눈에 띄는 은사시나무는 나이에 따라 그 모습이 미세하게 다르다. 몸통이 굵어지면서 희끗희끗한 껍질이 까만 다이아몬드 문양을 툭툭 만들어 냈다가 어느새 까매진다. 잣나무 잎 뭉치가 떨어졌다. 다섯 갈래 바늘잎 가장자리에 톱니가 촘촘하게 들어찼다. 쓰다듬어보고, 루페(확대경)를 꺼내 미세한 톱니 모양을 확인한다. 그런데 이 각각의 나무는 숲 어디쯤에 있을까. 돈과 인력이 풍부한 시청과 구청도, 똑똑하기로 소문난 인공지능도 그런 정보는 제공하지 않는다.

궁산의 은사시나무.

여러 사람과 계수나무 잎 향기를 함께 맡는 방법

서울 강서구 가양동 주민 조혜진 씨(책방 '나무곁에 서서' 대표)와 김선애 씨('마을숲창작소' 대표)가 동네 뒷산인 궁산(관산)의 나무 지도를 만들고자 결심한 계기였다. 조 씨가 말했다. "2013년에 가양동으로 이사 오면서부터 궁산에 다녔어요. 대부분이 곁에 있는 나무들을 스치듯 지나치면서도 존재하는지조차 신경 쓰지 않잖아요. 그런 분들이 동네 가까이에서 계수나무 잎의 향기를 맡아보고 작은 경이로움을 느낄 수 있기를 바랐죠."

　2023년 12월에 '궁산 나무 지도'를 완성했다. 지도의 오른쪽 귀퉁이에 있는 짧은 소개 글의 첫 문장은 이렇게 시작한다. "궁산에는 90여 종의 나무가 함께 어우러져 숲을 이루고 있습니다." 안내판에 한 문장 한 문장 쓰기까지 매일 대여섯 시간씩 꼬박 6개월이 걸렸다. "궁산은 저희가 원체 오랫동안 자주 다녔던 곳이라 몇 번 하면 금방 (지도가) 완성될 줄 알았어요. 이렇게 오래 걸릴 줄 몰랐죠. 조사하고 리스트 정리하고 지도로 표시하고, 정확한 위치가 아리송하면 다시 가서 조사하고요. 계속 욕심이 생기더라고요."

두 사람이 만든 지도의 높은 해상도와 퀄리티에 전문가들도 놀란다. 산책로를 따라 자라는 나무 수백 그루의 위치를 일일이 지도에 찍었다. 느티나무는 '느', 모감주나무는 '모감', 층층나무는 '층'이라 표시하는 식이다. 상록교목·낙엽교목·상록관목·낙엽관목 등 겉모양은 도형으로 구분했다. 동네 작은 뒷산이라지만 궁산의 넓이는 13만 3748제곱미터에 이른다.

특별히 자세히 봤으면 하는 지점은 간단한 설명과 함께 따로 빼놓았다. 이를테면 층층나무는 "조각한 듯 뚜렷한 나뭇결"이라고 표시했다. 조각칼로 파놓은 듯 일정한 간격으로 난 하얀 줄무늬를 가진 층층나무의 수피를 직접 확인해봤으면 하는 바람이었다고 한다. 복자기에는 "너덜너덜 털복숭이"라고 적었다. 복자기의 열매와 잎에 빽빽하게 난 털을 묘사한 것이었다. 또 상수리나무에는 "도토리거위벌레"라고 썼다. 9월쯤 덜 익은 열매가 더러 떨어져 있는 이유를 추적하다, 도토리거위벌레가 나무에 구멍을 뚫어서 알을 낳았다는 걸 관찰해 붙인 설명이다.

이날 함께 궁산을 찾은 최진우 서울환경연합 전문위원은 "끈기와 철저한 주인의식과 애착이 있어야만 할 수 있는 일"이라고 평가했다. 사실

어디쯤 어떤 나무가 있다는 것을 아는 것과 지도에 어디쯤 찍을지, 어떻게 겹치지 않게 표시할지를 고민해서 확인하는 건 완전히 다른 차원의 일이다. 한두 종류의 나무가 일정한 간격으로 심긴 가로수 지도를 만드는 것과도 전혀 다른 일이다. 산에서 자라는 나무는 종류를 구분하는 것만도 만만치않다. '궁산 나무 지도를 만드는 건 시청이나 구청이 해야 했을 일 아니냐'고 묻자 김선애 씨가 말했다. "구청에서 그런 일을 하리라고 기대도 안 해서 시작했던 거고요. 구청에서 지도를 만들었다면 그냥 일이었겠죠. 나무를 관리해야 하는 시설물로 봤을 거예요. 우리 동네에 같이 살고 우리가 돌봐야 하는 생명으로 보는 시민들이 하는 건 전혀 다른 일이라고 생각해요.".

어디선가 '크르르르' 목을 다듬는 듯한 소리가 들렸다. 물까치 떼 소리라고 한다. 날개 색이 파란 파스텔 톤인 궁산의 텃새다. 지도를 보면 궁산의 새나 곤충 등 함께 사는 다른 생물들까지 깊이 들여다보게 된다. 은사시나무는 꾀꼬리가 둥지를 지어 여름을 보내는 곳이라니 한 번 더 보고, 곤줄박이는 때죽나무 열매를 좋아한다니 발걸음이 멈춰 선다.

조 씨가 가장 좋아한다고 소개한 장소는 뜻밖에도 쓰러진 나무의 밑동이었다. 이끼류가 파랗게 뒤덮고 있었다. "아마 7년 전쯤 그 나무가 쓰러졌을 거예요. 매번 궁산에 오면 이 나무를 한참 동안 봐요. 나무가 죽어서 자연으로 돌아가는 과정을 보는 것 같아요. 이끼류와 버섯류가 자라잖아요. 나무는 죽어서도 다른 생명을 품는 거죠. 그냥 나무 한 그루가 아니잖아요. 나무에 기대어 어마어마하게 많은 생명이 살아간다는 걸 지도를 보고 숲을 둘러보면서 같이 봐주셨으면 해요."

궁산에 오를 때 두 사람이 마냥 즐겁기만 한 건 아니다. 갈수록 편의 시설 등 인공 구조물이 늘어나고, 최근엔 유적지를 발굴한다며 나무가 베이고 있다. 조사하는 중에도 많은 나무가 베어나갔다.

2003년 궁산의 생태를 연구해 석사학위 논문을 쓴 최진우 위원은 이날 20여 년 만에 궁산을 찾았다. 과거 일본군과 미군의 군사기지로 활용되면서 민둥산이 됐던 궁산이지만, 20~30년 전부터 어린 나무가 다시 자리를 잡아 이제는 어엿한 숲이 됐다. 100~200년 뒤 거목으로 성장할 수 있을까. 대도시 내 산과 숲을 '공원'으로만 여기는 풍토 속에선 '깊은 숲으로의 이행'은 쉽지 않은 일이다. 방법은 모두가 알고 있다. 궁산 내 포장도로를 걷고, 자연스러운 숲길을 만드는 등 재야생화를 추진하면 된다. 궁산 탐방이 불편해질수록 자연의 치유와 회복은 빨라진다.

김선애 씨와 조혜진 씨처럼 숲을 아끼고 기록하고 지도로 만드는 사람들이 생겨났다는 건 궁산 생태계에 매우 긍정적인 신호다. 숲이 본연의 모습을 되찾아가도록 응원하는 사람들이 늘어날수록 '막개발 욕망'이 버티고 설 자리는 점점 좁아질 수밖에 없다.

한강 물이 찰 때 듣던 밀물 소리

지도 뒷면에는 가양동의 고목들이 소개됐다. 현재 서울에서 활발하게 개발되는 지역 중 하나인 강서구는 지역 내 총생산(GRDP) 성장률이 서울에서 상위권(2021년 기준 3위)이다. 불과 몇 년 전과 비교해도 상전벽해라는 말이 절로 나온다. 서울에서 거의 유일하던 농업 용지가 산업단지가 되고, 옛집도 허물어지고 토박이들도 많이 떠났다. 그대로인 건 몇

안 남은 고목들뿐이다.

궁산 자락 '성주우물터 은행나무'가 대표적이다. 20여 미터 키에 가슴 높이 둘레 3.5미터, 나이 450살 거목이다. 수백 년간 한 번도 마르는 일이 없었다는 '성주우물터'는 도시 개발로 이미 수십 년 전에 메말랐지만, 이 은행나무만은 그 자리에서 힘겹게 버티고 있었다.

284년 전인 1740년, 양천현(지금의 서울 강서구·양천구) 현령으로 부임한 겸재 정선(1676~1759)의 그림 〈종해청조(宗海聽潮)〉의 오른쪽에 이 키 큰 '성주우물터 은행나무'가 등장한다. 그때나 지금이나 우뚝 솟은 수형은 그대로다. 하지만 조선조 세도가들이 별장을 짓고 많은 문인이 즐겨 찾았다는 이 일대 풍광은 남아 있지 않았다.

이날 궁산 정상에서 강 건너 상류 쪽을 바라봤다. 진경산수화 속 낮은 모래톱 섬이었던 난지도는 수십 년간 쌓인 쓰레기 더미 탓에 키가 훌쩍 커져 있었고, 이 때문에 화폭 속 멀지만 우뚝 섰던 목멱산(남산)은 빼꼼히 고개만 내밀게 되었다. 강바람을 막아주던 버드나무 군락은 사라졌고, 옆 동네 탑산도 반파돼 옛 모습을 잃은 지 오래됐다.

'종해청조'란 제목은 종해헌(양천현령의 집무소)에서 만조 때 한강으로 역류한 바닷물이 들이닥치는 소리를 듣는다는 의미다. 서해는 원래 조석간만의 차가 상당한 곳이다. 1980년대 한강을 프랑스 파리 센강처럼 큰 유람선이 떠다니도록 만들겠다는 계획에 따라 잠실·심곡 두 곳에 수중보가 만들어졌다. 인공 호수가 돼버린 한강에선 이제 조석간만의 뚜렷한 소리를 들을 수 없다. 하지만 과거엔 밀물 소리가 어마어마했다고 한다.

지금의 서울 강서구와 그 맞은편 경기도 고양시는 과거에 웅어와 황

복이 많이 잡혀, 임금에게 진상하는 어항으로 유명했다. 웅어·황복·장어 등 민물과 바닷물을 오가며 살던 생물이 지난 수십 년간 우리나라 곳곳에 건설된 하굿둑의 영향으로 많이 사라졌다. 1741년, 정선이 한강의 고기잡이 모습을 그린 〈행호관어(宗海聽潮)〉에 친구 이병연은 이런 시를 곁들인다. "늦봄이니 복어국이요, 초여름이니 웅어회라. 복사꽃 가득 떠내려오면, 행주 앞 강에는 그물 치기 바쁘다." '성주우물터 은행나무'는 이 모습을 기억할까.

종로구가 선정한 '아름다운 나무'는 왜 베였을까

"건축·도시 쪽에 관심을 가지고 저희 동네를 살펴보면 여러 시기에 지어진 건물·도로가 겹쳐 있어요. 그런데 나무만은 위치가 안 바뀌더라고요. 도시 변화의 기준이 되더라고요. 100년이 된 나무라고 하면 100년이 된 도시의 이정표 같은 기준이 됩니다."

이날 오후 만난 서울 종로구 서촌 주민인 건축가 신 씨가 말했다. 그는 2018년부터 서촌과 그 주변 지역의 '서울시 보호수'나 '종로구가 선정한 아름다운 나무'들을 스케치하며 기록하고 있다. 그러면서 오랫동안 그 자리에 있을 뿐인 노거수가 제멋대로인 사람들 때문에 불필요하게 고통받는다는 사실을 알게 됐다. "저는 환경운동가도 아니고, 꼭 나무를 보려고 했던 것도, 무조건 보호하자는 쪽도 아니고요. 주변 환경을 이해해야 새로운 것도 할 수 있다고 생각해요. 필요하면 재개발도 해야 한다고 생각합니다. 그래도 그 전후 상황을 이해해야 우리에게 맞는 환

서울 종로구 사직단의 비술나무 두 그루.

경을 만들 수 있어요. 그런 게 잘 안 돼 있더라고요."

우리는 발 딛고 살아가는 환경을 잘 가꿔가고 있을까. 지금 환경은 우리가 정말 원했던 모습일까. 바쁘다는 핑계로 많은 것을 놓쳤고, 그래서 누구도 원치 않았던 환경이 만들어진 건 아닐까.

2020년 9월 갑작스레 사직단 서남쪽 비술나무 거목이 베였다. 1967년 사직로가 개통되면서 담장이 뒤로 물러서고 이 비술나무가 담장 안에서 밖으로 내몰렸다. 현재 사직단 안 비술나무들과 비교해도 가장 큰 나무였다고 한다. '동공이 생겨 쓰러질 위험이 있다'는 것이 종로구청의 설명이다. '아름다운 나무'로 선정됐지만, 종로구청의 사업 담당자는 베인 사실조차 모르고 있었다고 한다. 앞뒤가 안 맞는다. 2022년 4월엔 청운초등학교 앞 가죽나무가 베였다. 역시 종로구가 선정한 '아름다운 나무'다.

신 씨가 묻는다. "불과 몇 달 전까지 멀쩡했던 나무를 죽은 나무라 판단한 기준은 뭔지, 상태가 안 좋다면 베기 전에 안전 조치를 먼저 해야 했던 건 아닌지, '아름다운 나무'가 아니라 '사람만 없으면 아름다운 나무'라고 이름을 바꿔야 하는 건 아닌지…." 신 씨가 찍은 벌목된 비술나무·가죽나무의 밑동 사진엔 썩은 부위가 전혀 없었다. 전문가들은 '고목나무에 동공이 생기는 건 자연스러운 모습이라서 동공이 크다는 이유만으로 쓰러질 것으로 판단하는 건 잘못된 관행'이라고 꼬집는다.

나무가 길을 막은 게 아니라, 나무 있는 곳에 길이 난 것

궁산 나무 지도에도 2020년에 베인, 키 30~40미터의 이태리포플러 거목 이야기가 담겨 있다. 강서구 역사문화거리를 만든다고 도로를 놓는 과정에서 한 뼘 땅만 차지하도록 허락된 이 거목은 정밀조사도 거치지 않고 베였다. 인근 학교와 학부모들이 집단탄원서까지 제출했지만 소용없었다. 안전이 핑계였다.

찻길을 쭉 펴고 넓혀서 자동차 속도를 높이겠다고 수백 년 버티고 살아온 터줏대감의 터전을 뺏는 일이 계속돼도 괜찮을까. 신 씨는 2018년 7월 우당기념관 앞 은행나무를 스케치한 엽서에 이렇게 썼다. "필운대로가 1999년에 만들어질 때 베이지 않고 남아서 다행이다. 생긴 건 좀

못났는데… 길을 막고 선 나무가 아니라 나무 있는 곳에 길을 낸 것이니까… 미안한 마음으로 지나가요."

신 씨와 사직단을 둘러봤다. 남은 비술나무들이 흰 피를 토하듯 하얀 수피가 흘러내린 모습 그대로 굳어 있었다. 비술나무는 잘리거나 꺾인 가지에서 하얀 수액을 쏟아내는 것이 특징인 나무다. 인접한 서울시교육청 어린이도서관(과거 사직단 경내) 앞 비술나무는 숱한 강전정에 자연스러운 수형을 잃은 지 오래였다. 건물과 담벼락 사이에서 아슬아슬하게 살아가는 비술나무도 있었다. 모두 '아름다운 나무'로 선정된 수백 살 거목이다.

비술나무는 봄에 핀 붉은 꽃이 닭 볏처럼 생겼다고 해서 붙은 이름이다. 비슬비슬하다는 말이나 비밀 술법과는 아무런 관련이 없다. 느릅나무의 가까운 친척으로 라비올리 파스타를 닮은 열매를 맺는데, 비술나무는 그 열매도 주름진 모양이 닭 볏 같다. 개느릅나무라고도 한다.

궁산을 둘러보고 내려오는 길에 양천향교 앞 가중나무 한 그루를 마주했다. 그 이름의 유래를 생각하면 인간이 다른 생물종에 대해 얼마나 멋대로인지를 새삼 깨닫게 된다. 서로 닮았는데 변변하지 못하다는 뜻으로 '개'자를 붙인다. 개살구·개머루·개다래 등등이 여기에 해당한다.

가중나무라는 이름도 '개'가 붙는 '개죽나무'에서 변형된 이름이다. 새순을 나물로 먹는 참중나무(참죽나무)와 비교해 개죽나무라 불렀다. 잎이 닮았다는 이유로 두 나무가 비교되는데, 사실 꽃과 열매 등을 보면 전혀 계통이 다른 나무라는 것을 쉽게 알 수 있다. "가죽나무가 개똥나무 저(樗)라는 글자로 표현될 만큼 나쁜 나무란 말인가? (…) 참죽나무를 닮지 않았더라면 좋았을 것을, 생김새에 있어 큰 실수를 저지르고 말았다."**1** 반면, 가죽나무의 영어 이름은 '천국나무(tree of heaven)'다. 키가 커서 붙은 이름이다. 가죽나무는 어디서나 같은 모습인데, 인간은 개똥으로도 보기도, 천국으로도 보기도 한다.

길을 내면서 사라지고 인간의 필요에 의해 깎이는 나무… 백 년도 겨우 사는 인간이 천 년을 사는 나무의 가치를 판단하는 것이 온당한 일일까. 친구 혜자가 가죽나무의 쓸모없음을 흉보자 장자가 이렇게 묻는다.

그 곁에서 마음 내키는 대로 한가로이 쉬면서 그늘 아래 유유히 누워 자는 건 어떤가. 그러면 나무는 도끼에 베어지지도 않을 것이고 아무에게도 해를 입을 염려가 없을 것이네. 쓰일 데가 없으니 또 무슨 괴로움이 있겠는가(逍遙乎寢臥其下. 不夭斤斧, 物无害者. 无所可用, 安所困苦哉).**2**

달빛 향기

이름 때문에 사랑받는 나무도 있습니다. 바로 계수나무입니다. 고향은 일본입니다. 가이스카 향나무나 소메이요시노 벚나무, 스기(삼나무) 등 일본 출신 나무들은 일부 한국 사람들에게 미움을 받는데, 계수나무는 대접이 다릅니다. 환상을 불러일으키는 신비로운 존재로 받아들입니다.

"푸른 하늘 은하수 하얀 쪽배엔 계수나무 한 나무 토끼 한 마리"(동요 〈반달〉중) 계수나무는 사람들의 머릿속에서 달 그리고 토끼와 꼭 붙어 다닙니다. 그런데 달나라에 산다는 전설 속 계수나무와 현실 속 계수나무는 우리말 이름만 같을 뿐 전혀 다른 존재입니다.

'전설 속 계수나무'는 중국 당나라 때 이야기 책《유양잡조(酉陽雜俎)》에 나오는 나무꾼 오강(吳剛)의 전설에 등장합니다. 오강은 도술을 배우다 죄를 지어 달나라[月宮, 월궁]로 귀양을 갑니다. 여기서 키 500장(1515미터)의 거대한 계수나무[桂]를 도끼로 베야 하는 형벌을 받습니다. 더욱이 이 계수나무는 베인 곳에 금세 새살이 돋아나는 불멸의 존재였습니다.

저승에서 큰 돌을 가파른 언덕 위로 굴리는 형벌을 받아야 했던, 그리스 신화 속 시시포스를 떠올리게 합니다. 시시포스가 정상까지 돌을 밀어 올리면, 그 돌은 다시 밑으로 굴러 떨어집니다. 그러면 처음부터 다시 돌을 밀어 올리는 일을 시작해야 했습니다.

현실 속 계수나무는 코로 만나는 나무입니다. 9월에 달콤한 향기를 냅니다. 이 나무에 계수나무라는 이름이 붙은 것도 향기 때문입니다. 고향인 일본어로 계수나무는, '향기가 나다(香出る)'라는 말에서 파생된 카츠라(桂, カツラ)입니다.

중국어 구이(桂) 역시 향기와 연관된 말입니다.

우리 옛 문헌 속 등장하는 계(桂)는 또 다른 식물을 가리킵니다. 남부 지방과 제주에 살고, 가을에는 잎 옆구리마다 희고 작은 꽃을 피우는 '목서'입니다. 목서의 진한 바닐라향은 정말 강력하고 신비롭습니다. 목서류(목서속)는 샤넬 넘버5, 조 말론, 구찌 플로라 등등 유명 향수의 원료로도 쓰입니다.

영원히 사는 달나라 계수나무에도 그 이름처럼 분명 좋은 향기가 났을 겁니다. 그런데 옥황상제는 왜 이런 무고한 나무를 이용해 벌을 줬을까요. '계수나무'라는 말을 내뱉는 순간 진한 향기와 전설 같은 이야기들이 머릿속에 가득 찹니다.

한 가지 아쉬운 것은 이런 귀중한 존재에 대해 우리의 관심은 일방적이라는 점입니다. 일본의 그늘지고 서늘한 계곡부가 계수나무의 고향입니다. 하지만 가로수나 도시공원에 심긴 계수나무는 하나같이 형벌을 받듯 메마른 땅에서 뜨거운 뙤약볕을 머리에 이고 살아갑니다. 계수나무가 힘겹게 살아가는 모습은 전혀 향기롭지 않은 것 같습니다.

참고문헌

공우석, 《침엽수의 자연사》, 지오북, 2023.

김종원, 《한국 식물 생태 보감 1~3》, 자연과생태, 2013.

김창오, 《모정마을 이야기》, 북랩, 2021.

다케쿠니 도모야스, 이애옥 옮김, 《진해의 벚꽃》, 논형, 2019.

레이첼 카슨, 김은령 옮김, 《침묵의 봄》, 에코리브르, 2011.

박상진, 《나무 탐독》, 샘터사, 2015.

박상진, 《우리 나무 이름 사전》, 눌와, 2019.

박상진, 《청와대의 나무들》, 눌와, 2022.

박정기, 《창원에 계신 나무 어르신》, 불휘미디어, 2022.

사라시나 이사오, 이경덕 옮김 《절멸의 인류사》, 부키, 2020.

사라시나 이사오, 조민정 옮김 《폭발적 진화》, 생각정거장, 2018.

수잔 시마드, 김다히 옮김, 《어머니 나무를 찾아서》, 사이언스북스, 2023.

양광희, 《600년 팽나무를 통해 본 하제마을 이야기》, 하움출판사, 2021.

엘리자베스 콜버트, 김보영 옮김, 《여섯 번째 대멸종》, 쌤앤파커스, 2022.

이경준, 《수목생리학》, 서울대학교출판부, 2021.

이상태, 《식물의 역사》, 지오북, 2010.

이유미, 《우리가 정말 알아야 할 우리 나무 백가지》, 현암사, 2005.

임경빈, 《이야기가 있는 나무백과 1~3》, 서울대학교출판문화원, 2019.

페터 볼레벤, 이미옥 옮김, 《나무의 긴 숨결》, 에코리브르, 2022.

페터 볼레벤, 장혜경 옮김, 《나무 수업》, 위즈덤하우스, 2016.

허태임, 《식물분류학자 허태임의 나의 초록목록》, 김영사, 2022.

주

1. 안동 은행나무

1.《조선일보》, 이규태 칼럼 〈7백세 은행나무〉, 1987년 10월 17일 자.

3. 부산 회화나무

1. 2019년 1월 27일, '주례동 노거수 보존 방법 찾기 끝장 토론회'.

2. 2019년 2월 14일, 부산그린트러스트·부산환경운동연합 등 부산 지역 21개 시민단체 성명서.

3. 임경빈, 〈조경수목 산책 – 회화나무〉,《조경수》, 67, 2002, 12~15쪽.

4. 같은 글.

5. 의령 느티나무

1. 국립산림과학원, 〈숲토양, 여름철 홍수 대응능력 도심지 토양에 비해 월등〉, 2020년 7월 22일 발표.

6. 청주 플라타너스 가로수

1.《중부매일》, 〈청주진입로 가로수길 조성한 홍재봉翁〉, 2000년 12월 21일 자 참조.

2. 김현승, 〈푸라타나스〉,《김현승 시선집》, 민음사, 2005.

7. 서울 보라매공원 포플러 길

1.《경향신문》, 〈꽃가루 공해 극성〉, 1979년 5월 9일 자 참조.

2. 임경빈, 《이야기가 있는 나무백과 3》, 서울대학교출판문화원, 2019.

8. 제주 구실잣밤나무 길

1. 제주참여환경연대 '가로수 모니터링단' 조사.

2. 박봉우, 《밤나무와 우리 문화》, 숲과문화, 2023.

9. 제주 비자림로 삼나무 숲길

1. 김수열, 〈낭 싱그는 사람을 생각한다〉, 《호모 마스크스》, 아시아, 2020.

2. 미국 국립공원청, 〈산불 피해(Wildfire Mortality) 자료〉, 2022.

3. 산림청 홈페이지, 〈산불발생현황〉.

10. 대구 왕버들 숲

1. 《매일신문》, 〈수리부엉이 발견으로 금호강 하천정비사업 '난개발' 논란 재점화…"원점 재검토해야"〉, 2023년 1월 19일 자 참조.

2. 김종원, 《한국 식물 생태 보감 1》, 자연과생태, 2013.

11. 전주 버드나무 숲

1. 익산지방국토관리청, 〈전주천 권역 하천기본계획〉 2019년 12월.

2. 이홍섭, 〈버드나무 한 그루〉 《강릉, 프라하, 함흥》, 문학동네, 2023.

12. 동해안 향나무 숲

1. 산림청, 〈산림부문 탄소 중립 추진전략안〉, 2021년 1월.

2. 《뉴사이언티스트》, 〈일부 나무는 성별을 바꿀 수 있으며 암컷일 때 죽

을 가능성이 더 높다(Some trees can change sex and are more likely to die when female)〉, 2019년 6월 7일 자 참조.

13. 군산 간척지의 팽나무 노거수
1. 양광희, 《600년 팽나무를 통해 본 하제마을 이야기》, 하움출판사, 2021.
2. 《조선일보》, 〈조개껍데기로 메워지는 하제항 포구〉, 1977년 8월 3일 자.

14. 서울 봉산
1. 《서울신문》, 〈숲은 가만히 두는 게 최선일까〉, 2024년 6월 5일 자.

15. 고양 산황산
1. 〈스프링힐스 CC 골프장 증설사업 환경영향평가 재협의(초안)〉
2. 2022년 9월 김영진 더불어민주당 의원 발표 자료

16. 지리산 가문비 숲
1. 국립산림과학원, 〈고산 침엽수종 실태 조사〉, 2019.
2. 국립공원공단, 〈2024년 국립공원 기본통계〉.
3. 옐로스톤 관리청, 〈325.5 million visits to national parks in 2023, 4.5 million visits to Yellowstone National Park〉, 2024년 2월 27일 자.
4. 엘리자베스 콜버트 지음, 김보영 옮김, 《여섯 번째 대멸종》, 쌤앤파커스, 2022.

18. 원주 상수리나무

1. 《원주투데이》, 〈백로 드는 마을은 부자 마을〉, 2001년 4월 23일 자.

2. 《강원일보》, 〈왜가리 둥지 참나무 숲 벌목 논란〉, 2017년 2월 22일" 자.

3. 《경향신문》, 〈평화로운 새…비둘기〉, 1965년 2월 20일 자.

4. 김종원, 《한국 식물 생태 보감 1》, 자연과생태, 2013.

19. 광주 수피아여자고등학교 로뎀나무

1. 광주 수피아여자중·고등학교, 《수피아 100년사》, 2008.

20. 진주 중원로터리 나무 신

1. 허정도 전 《경남도민일보》 대표(도시학 박사)의 설명이다.

2. 창원시정연구원, 《근대 문헌 속 진해》, 2022에서 재인용.

3. 다케쿠니 도모야스, 이애옥 옮김, 《진해의 벚꽃》, 논형, 2019 참조.

4. 진해시사편찬위원회, 《진해시사》, 1991.

5. 《중앙일보》, 〈유홍준 "박정희 정권때 심은 나무… 베어버려라"〉, 2005년 4월 28일 자 참조.

21. 서울 궁산 나무 지도

1. 임경빈, 《이야기가 있는 나무백과 1》, 서울대학교출판문화원, 2019.

2. 《장자》, 〈내편〉, '소요유' 중.

아름답고 위태로운 천년의 거인들

ⓒ 김양진, 2025

초판 1쇄 인쇄 2025년 2월 21일
초판 1쇄 발행 2025년 3월 5일

지은이 김양진
펴낸이 이상훈
편집2팀 김지하 이윤주
마케팅 김한성 조재성 박신영 김애린 오민정
펴낸곳 ㈜한겨레엔 www.hanibook.co.kr
등록 2006년 1월 4일 제313-2006-00003호
주소 서울시 마포구 창전로 70(신수동) 화수목빌딩 5층
전화 02-6383-1602~3
팩스 02-6383-1610
대표메일 book@hanien.co.kr
ISBN 979-11-7213-223-1 03480

※ 책값은 뒤표지에 있습니다.
※ 파본은 구입하신 서점에서 바꾸어 드립니다.
※ 이 책의 일부 또는 전부를 재사용하려면 반드시 저작권자와 ㈜한겨레엔 양측의 동의를 얻어야 합니다.